2013

中国室内设计年鉴

CHINA INTERIOR DESIGN ANNUAL

本书编委会 编 中国林业出版社

图书在版编目（CIP）数据

2013中国室内设计年鉴：全2册 / 《2013中国室内设计年鉴》编委会编. -- 北京：中国林业出版社, 2014.1
ISBN 978-7-5038-7282-2

Ⅰ. ①2... Ⅱ. ①2... Ⅲ. ①室内装饰设计 - 中国 - 2013 - 年鉴 Ⅳ. ①TU238-54

中国版本图书馆CIP数据核字(2013)第288150号

本书编写委员会

策划：金堂奖出版中心
执行：纪亮
编写人员：

董　君	贾　刚	王　琳	郭　婧	刘　君	贾　濛
李通宇	姚美慧	李晓娟	刘　丹	张　欣	钱　瑾
翟继祥	王与娟	李艳君	温国兴	曾　勇	黄京娜
罗国华	夏　茜	张　敏	滕德会	周英桂	李伟进
梁怡婷	金　楠	邵东梅	李　倩	左文超	李凤英
姜　凡	郝春辉	宋光耀	于晓娜	许长友	王　然
王竞超	吉广健	马宝东	于志刚		

中国林业出版社·建筑与家居出版中心
责任编辑：李丝丝

出版：中国林业出版社
（100009 北京西城区德内大街刘海胡同 7 号）
http://lycb.forestry.gov.cn/
E-mail：cfphz@public.bta.net.cn
电话：（010）8322 5283
发行：中国林业出版社
印刷：北京利丰雅高长城印刷有限公司
版次：2014年2月第1版
印次：2014年2月第1次
开本：230mm×300mm，1/16
印张：52
字数：800千字
定价：998.00元

目录
CONTENTS

酒店　Hotel

娱乐　Entertainment

目录
CONTENTS

购物 Retail

公共 Public

目录
CONTENTS

样板间 售楼处 Show Flat And Sales Office

住宅 Apartment

别墅 Villa

目录
CONTENTS

餐厅 Restaurant

厦 门源昌凯宾斯基大酒店
Yuanchang Kempinski Xiamen

上 海浦东文华东方酒店
Mandarin Oriental Pudong Shanghai

北 京趣舍酒店
Qushe Art Hotel

北 京寿州大饭店
Beijing Shouzhou Hotel

H -Luxury 酒店
HI-LUXURY RESORT HOTEL

上 虞宾馆
Shangyu Hotel

木 马酒店
Trojans Hotel

湖 滨四季春酒店
HuBin Spring Season Hotel

瑞 豪水心精品酒店
RuiHao ShuiXin Hotel

珠 海嘉远世纪酒店
Fortune Century Hotel

S TARRY 星栈设计酒店
STARRY Design Hotel

重 庆中海可丽酒店
China Overseas KeLi Hotel

长 白山万达假日度假酒店
Wanda Holiday Inn Resort-Changbai Mountain

重 庆俊怪酒店
Chongqing JunYi Hotel

安 徽银桥金陵大饭店
Yinqiao Jinling Grand Hotel Anhui

广 东阳江戴斯国际度假酒店
YangJiang HaiYun Days Hotel

南 通东恒盛国际大酒店
Nantong Haimen East Hengsheng Kokusai Hotel

天 津津卫大酒店
JinWei Hotel

广 州纺织城逸景酒店
YIJING Hotel (GuangZhou Textile City)

雅 安汉源金鑫大酒店
YaAn HanYuan JinXin Hotel

参评机构名／设计师名：

YAC杨邦胜酒店设计顾问公司/
YAC YANGBANGSHENG(INTERNAITONAL) HOTEL DESIGN CONSULTANTS LTD

简介：
所获奖项：亚太空间设计师协会—"中国最具影响力的五大设计事务所"、"亚太室内设计双年大奖"、中国室内设计20年（1989-2009）20强设计团队、中国饭店业中国酒店设计至尊荣誉大奖—"中国酒店设计最具竞争力品牌"、金堂奖中国室内设计年度评选"海外设计市场拓展奖"。

成功案例：成都岷山饭店、三亚国光豪生度假酒店、越南头顿铂尔曼酒店、厦门源昌凯宾斯基大酒店、三亚海棠湾9号等。

厦门源昌凯宾斯基大酒店
Yuanchang Kempinski Xiamen

A 项目定位 Design Proposition

酒店设计秉承了"凯宾斯基"这一欧洲最古老酒店品牌的奢华与经典，以米黄、深棕为色彩主调，设计用材注重高贵质感，彰显其厚重、沉稳、不事浮夸的品牌风范。同时，将代表地域特色的文化元素和谐地融入其中，带来更深层次的文化共鸣和尊贵体验。

B 环境风格 Creativity & Aesthetics

该项目坐落于风景旖旎的海滨城市厦门，帆船形态的建筑外观和玻璃幕墙极具视觉效果，是当地标志性建筑。设计中运用中式花格作为背景和屏风，展现中式特色的同时也衬托出庄重高贵感。中餐厅中，灯笼、茶具、中式木椅、珠帘水晶灯以及背景墙上妖娆的花朵在这种沉静的色调中共同演绎了一场茶文化的内敛奢华。客房色调柔和，雍容典雅，为疲惫一天的商旅人士提供了一个温馨的休憩所在。

C 空间布局 Space Planning

酒店大堂挑高17米，为避免大面积深色的压抑感，采用大量弧线及圆形作为空间的区隔和装饰。从天花垂直而下的圆柱形酒塔与圆形楼梯接口及大堂吧台对应，增添丰富感，构成这个高尺度空间的视觉主线。

D 设计选材 Materials & Cost Effectiveness

主要材料：贝砂金、金世纪、木纹玉石、意大利木纹石、美国酸枝、黑檀木。

E 使用效果 Fidelity to Client

满意度高。

项目名称_厦门源昌凯宾斯基大酒店
主案设计_杨邦胜
参与设计师_陈岸云等
项目地点_福建厦门市
项目面积_71000平方米
投资金额_20000万元

一层平面图

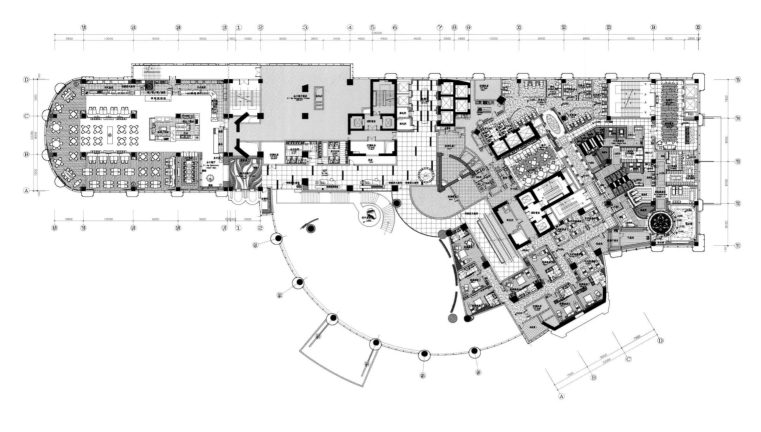

二层平面图

参评机构名／设计师名：
深圳姜峰室内设计有限公司/
Jiang & Associates Interior Design CO.,LTD
简介：
深圳市姜峰室内设计有限公司，简称J&A姜峰设计公司，是由荣获国务院特殊津贴专家、教授级高级建筑师姜峰及其合伙人于1999年共同创立。目前J&A下属有J&A室内设计（深圳）公司、J&A室内设计（上海）公司、J&A室内设计（北京）公司、J&A室内设计（大连）公司、J&A酒店设计顾问公司、J&A商业设计顾问公司、BPS机电顾问公司。现有来自不同文化和学术背景的设计人员三百五十余名，是中国规模最大、综合实力最强的室内设计公司之一。

J&A是早期拥有国家甲级设计资质的专业设计公司，其率先获得ISO9000质量体系认证，是深圳市重点文化企业。因其在设计行业的突出成就，连续六年七次荣获"年度最具影响力设计团队奖"的殊荣，并在国内外屡获大奖，得到了中国建筑装饰领域高度的认同和赞扬。J&A一直致力于为中国城市化发展提供从建筑环境设计到室内空间设计的全程化、一体化和专业化的解决方案。追求作品在功能、技术和艺术上的完美结合，注重作品带给客户的价值感和增值效应，通过与客户的良好合作，最终实现公司价值。

上海浦东文华东方酒店
Mandarin Oriental Pudong Shanghai

A 项目定位 Design Proposition

上海文华东方是文华东方酒店集团入驻国内市场的第一家商务酒店。这也是文华东方集团第一次与国内室内设计团队合作。精巧的设计体现了完美的东方传承。

B 环境风格 Creativity & Aesthetics

设计师将项目的室内表现从色彩，风格以及设计手法上与其他酒店区别开来，经过前期分析和定位，将灵感来源做了仔细的筛造和提炼：黄浦江粼粼的波光、上海前卫的城市建筑、古旧里弄的玻璃窗格和梧桐树下的墨韵书香等等，以此转化成具体的设计元素贯穿于整个酒店的设计中。

C 空间布局 Space Planning

首先，在空间中大量使用现代简洁的线条和造型流畅的家具，使整个空间充满现代气息；其次，结合地域特色，用隐喻的手法将具有上海特色元素的黄浦江、屏风、窗格等融入整个设计中，让人不经意间就能发现隐匿在浓烈现代气息中的东方情怀。

D 设计选材 Materials & Cost Effectiveness

再次，运用尺度夸张的造型和精美的艺术品，营造出高雅的艺术氛围；最后，设计师跳出浓重的色彩和统一的色调，大量采用缤纷柔和的半透明材质，使原本长而窄的公共空间变得通透而开阔。

E 使用效果 Fidelity to Client

上海浦东文华东方酒店设计风格充满着东方文化灵韵，与上海规模最大的中国当代艺术品典藏相结合，尽情演绎着奢华、优雅的江畔格调与气息。

项目名称_上海浦东文华东方酒店
主案设计_姜峰
参与设计师_袁晓云、黄日金、张超明
项目地点_上海 浦东新区
项目面积_66000平方米
投资金额_52000万元

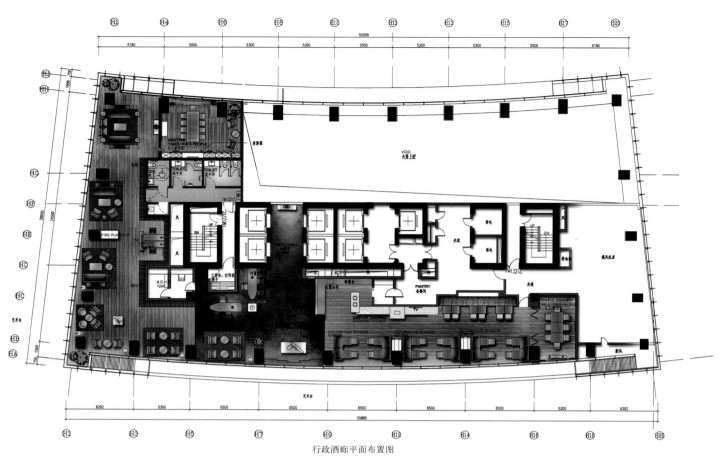

行政酒廊平面布置图

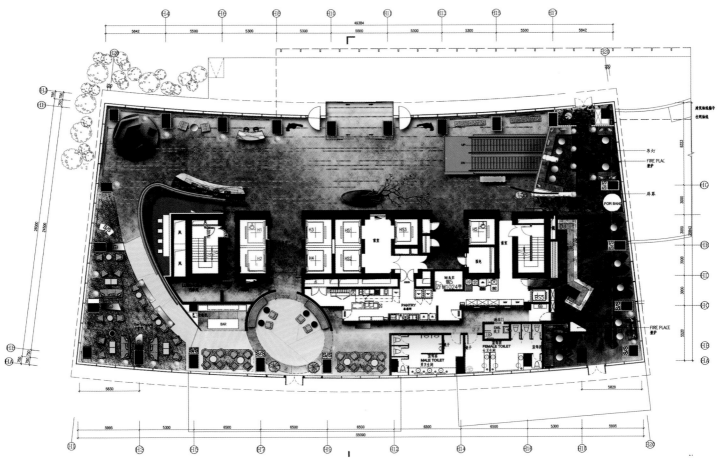

一层平面图

< 1004 - 1009   1001 - 1003 >

735 - 737

参评机构名／设计师名：
连志明 Lian Zhiming
简介：
毕业于法国巴黎ESAG Penninghen高等室内建筑及广告设计艺术学院。
于2005年创办意地筑作室内建筑设计事务所(IDEE architecture interior design firm)及大然设计品牌(DaRan Design brand)。

产品涉及家具、灯具、生活器皿等领域。在设计上致力于把东方的文化，东方人的生活观念与西方的经验结合起来，着意研究自己的民族文化遗产，推崇"人性化自然"的设计理念。创作随性自然，喜欢从自然生物界的形态中探寻设计灵感。

北京趣舍酒店
Qushe Art Hotel

A 项目定位 Design Proposition
酒店位于具有深厚历史文化背景的城市——北京。通过对自然、环境、人文、建筑元素的提取、变化、衍生和组合，表现舞动的生命力和欢娱的生活气息。酒店的设计始终围绕在"趣"这一概念展开。

B 环境风格 Creativity & Aesthetics
作品掌握了时代的脉搏，将北京人积极向上的精神体现了出来。主题白色及少量红色成为酒店的主色调，简洁干练的大堂，泛着后工业时代设计的美感，客房内的家具、洁具均是由设计师量身订做的。与原有建筑空间有着很强的呼应关系。几十位新锐艺术家的加盟，也使酒店的艺术氛围得以完整体现。

C 空间布局 Space Planning
无论从视觉呈现还是使用体验，设计师都进行了独一无二的构想。空间布局上讲究点线面块交复联接的方式，用面带块，用块出线，用线绘点。利用得天独厚的自然环境。在陈设艺术上，强调舒适性和实用性；盥洗台、洗浴和坐便区空间各自独立，方便客人同时使用。整体设计注重细节，使整个设计得以完美。

D 设计选材 Materials & Cost Effectiveness
本案在材料上大量选用木材等质朴材料，表达一种平静、柔和、内敛的气质，有格调而又细腻。所有灯光均选用LED光源，尽可能节能环保；所有家具均是家具厂定制完成现场安装，尽量避免施工现场产生有毒废气与粉尘对酒店日后的使用产生不良后果。

E 使用效果 Fidelity to Client
没有生硬的设计，也没有具象的形态。处处体现"趣"的味道，拥有较高的客房入住率及客人回住率。

项目名称_北京趣舍酒店
主案设计_连志明
参与设计师_王珂、张伟
项目地点_北京
项目面积_3000平方米
投资金额_1000万元

一层平面图

参评机构名／设计师名：
许建国 Xu Jianguo
简介：
安徽许建国建筑室内装饰设计有限公司创始人、设计主持。
安徽省建筑工业大学环境艺术设计专业，进修于中央工艺美术学院室内设计大师研修班，武汉艺术学院设计艺术学硕士研究生班毕业。

CIID中国建筑学会室内设计分会会员、国家注册高级室内建筑师、中国建筑室内环境艺术专业高级讲师、中国美术家协会合肥分会会员、Id+c"中国十大青年设计师"全球华人室内设计联盟成员。
获第三届精品家居中国高端室内设计师大奖商业工程类金奖。

北京寿州大饭店
Beijing Shouzhou Hotel

A 项目定位 Design Proposition
位于北京的"寿州大饭店"就是以这个历史悠久的古城为主题所建，淮河之南的古城风貌一路北上，经设计师巧手提炼，在现代的北京演绎出了别样韵味。

B 环境风格 Creativity & Aesthetics
素雅古朴的青砖被运用在空间的很多地方，仿佛带人回到过去那个小桥流水的时代。

C 空间布局 Space Planning
建筑层高较低，在地下一层和一层公共区域中，设计师安置了树根贯穿两层的柱子，提升了视觉高度，同时这种传统安徽民居形式的柱子又成了鲜明的标志。

D 设计选材 Materials & Cost Effectiveness
在取传统上"形"的同时，设计师运用了现代材质来造其"实"，黑色的圆形柱础与米色柱身皆为大理石材质，现代的质感结合传统的形式构成独特的效果。

E 使用效果 Fidelity to Client
运营效果很好，业主和消费者都很喜欢。

项目名称_北京寿州大饭店
主案设计_许建国
项目地点_北京
项目面积_16000平方米
投资金额_4000万元

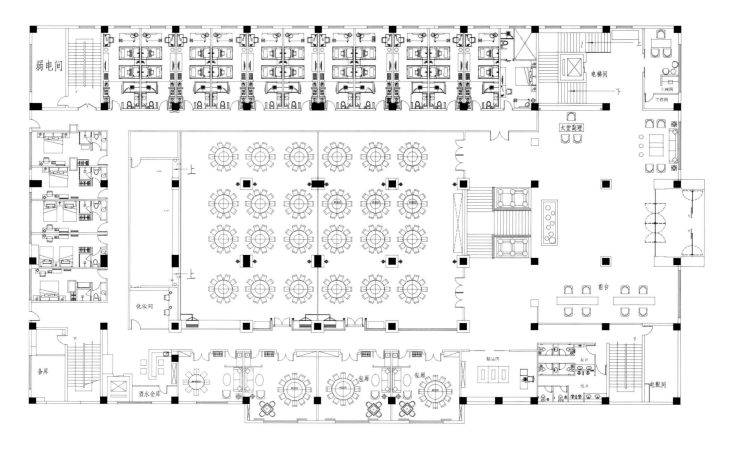

一层平面图

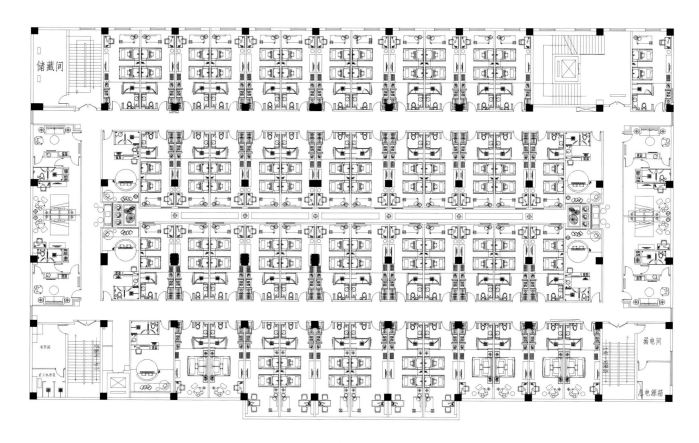

二层平面图

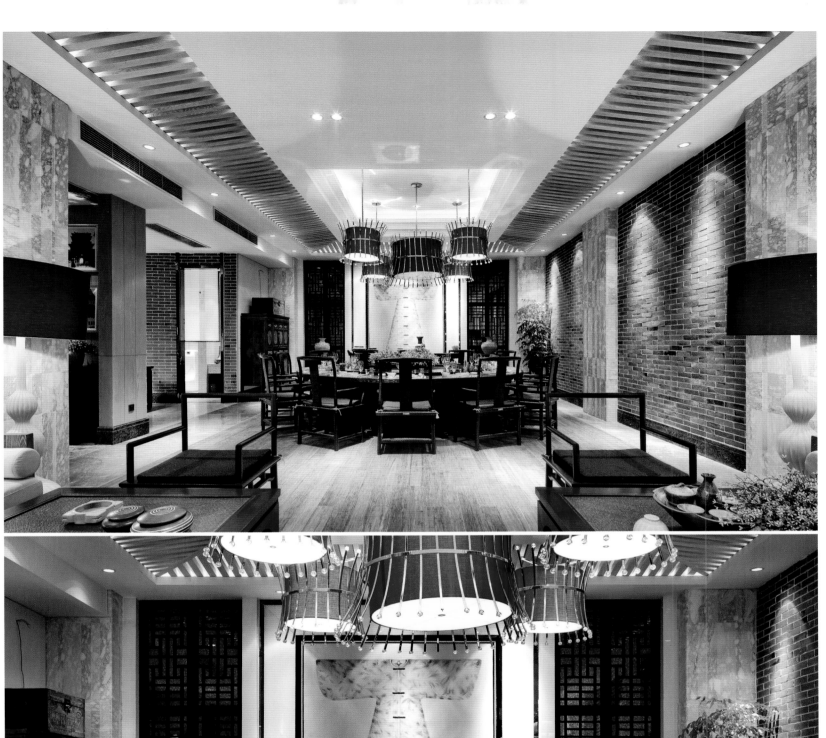

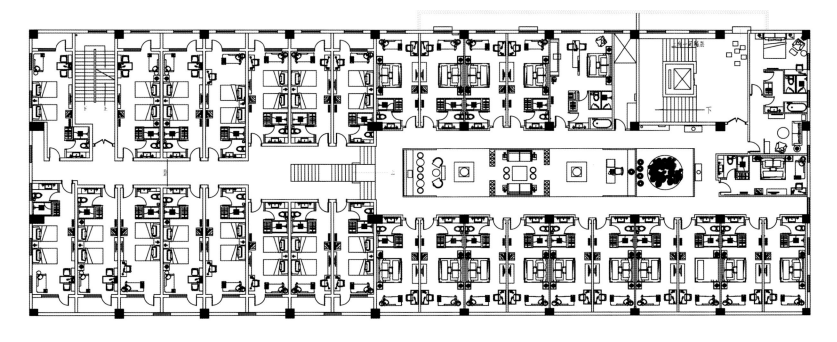

三层平面图

参评机构名/设计师名：
杨焕生 Jacksam
简介：
希望作品能呈现多元思维的设计面向，从纹路、线条、质料、裁剪、配饰、摆设到收边都整合在整体规划设计中，所呈现的不仅是空间的美感，更重要的是对于细节的要求。
所获奖项：

1.2013 两岸三地交流设计奖-"优质设计"：赫里翁C6
2.2012台湾室内设计TID AWARD设计大奖-"居住空间单层"：入围：RUBIK'S CUBE 65
3.2012美国INTERIOR DESIGN中文版2012金外滩设计奖荣获"最佳餐厅空间将"优选：Provence普罗旺斯餐厅
4.2012美国INTERIOR DESIGN中文版2012金外滩设计奖荣获"最佳材质运用奖"优选：Provence普罗旺斯餐厅
5.2012两岸三地交流设计奖"新锐设计奖"木宅 W- HOUSE
6.2011年度DECO TOP DESIGN AWARD荣获顶尖设计奖
7.2011台湾室内设计TID AWARD设计大奖-"居住空间单层"：入围：大雄建设L-HOUSE。

H-Luxury 酒店
H-LUXURY RESORT HOTEL

A 项目定位 Design Proposition
旧建筑改建景观餐厅，拆除原建筑立面仅保留原结构系统。原本基地环境优越，景观条件极佳，所以在外观选材上以钢构+铁件烤漆为主要建材，为建筑立面搭配，运用序列式方管格栅依基地边缘排列形成一斜口矩形样式，搭配石材等元素，将旧建筑活化，让原本铁皮建筑重新诠释何谓"Green style用餐空间"。

B 环境风格 Creativity & Aesthetics
以黑色为主调搭配线性天然木纹木皮饰板及装饰墙，并借景室外绿意将户外开放空间借由烤漆铁件及半透明玻璃界面将绿意引进室内。大量的镜面玻璃反射了户外的自然绿意，形成透视感极佳的室内空间。

C 空间布局 Space Planning
挑高的圆形天花搭配黑色典雅珍珠吊灯，吊灯弧形线条与垂直的流梳，高高低低，像是阳光照在精致黑珍珠与白珍珠上的内敛及奢华，典雅线条里闪烁着游走于虚实之间的低调风采。

D 设计选材 Materials & Cost Effectiveness
为空间订制一专属于旅馆基调风格包含空间、灯具及家具，推翻一般空间"繁华"、"浪漫"，舍弃一般缤纷浓烈的室内氛围，采取黑白色调的冷硬质感并赋予材质上温润的造型，打造出截然不同的空间感受。

E 使用效果 Fidelity to Client
精神就在于创造自然浪漫的城市度假狂想，透过植物、阳光、空气、水等元素，让身体、心灵彻底释放，不同风情的住房，同一种放松生活的态度，回复宁静，卸下都市面具，过一个不必交际应酬的周末假期，在这享受一段几乎奢侈的优闲时光，达到优雅与放松的完全平衡。享受一段都市慢活假期。

项目名称_H-Luxury酒店
主案设计_杨焕生
参与设计_郭士豪
项目地点_台湾彰化市
项目面积_5000平方米
投资金额_4000万元

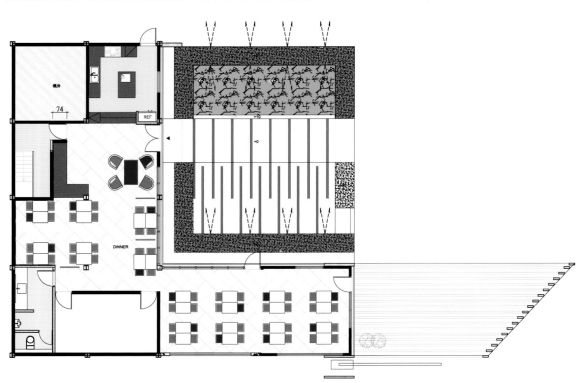

中餐厅平面图

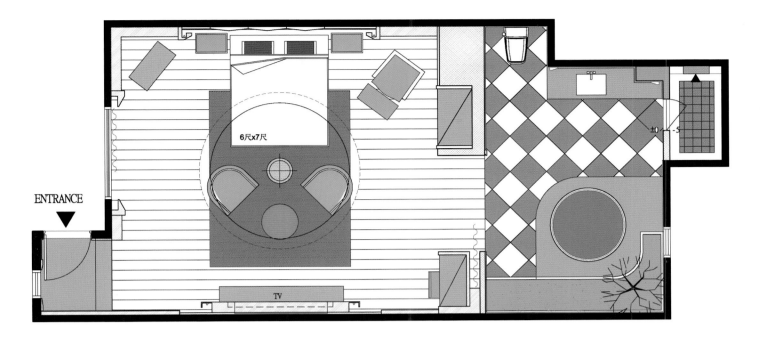

标准层平面图

参评机构名／设计师名：
郑小华 Zheng Xiaohua
简介：
运用个性化的色彩，勇于与众不同；鲜艳、特殊、前卫，均成为空间内的最佳主角。平淡、直板、守旧，皆是衬托剧情的序幕。一切一切、宛如在白色的画布尽情创意挥洒，对比出明亮动人的空间层次，给所有有想法的人、也给勇于尝试的人。

上虞宾馆
Shangyu Hotel

A 项目定位 Design Proposition

江南园林风格度假商务酒店，是浙江南湖之畔唯一的一家山景合院式度假商务酒店，运用复兴传统风格设计，将传统、地方建筑的基本构筑和形式保持下来，加以强化处理，突出文化特色以及地域特色——上虞特有的"禹文化"、"青瓷文化""江南文化"。

B 环境风格 Creativity & Aesthetics

酒店项目位于上虞的一个私家山顶上，山体后高前低，自然景观优美且浑然天成。以合院为主题的设计不仅蕴藏了深厚的地域性文化情感，也忽略了酒店本身的商业气息，使建筑体更加自然地相融于自然景观之间。

C 空间布局 Space Planning

宽绰明朗的空间，纵观全景的玻璃墙，俏而争春的盆栽，俨然与户外景观浑然一体。以感怀的心去触摸"四合院"内心的丰富，以风格独特的建筑室内空间、品味独具的艺术品鉴赏，高调享受生活。体贴入微的酒店设计，大堂、西餐厅、餐厅、客房，让身处酒店的客人也能感受到家庭般的温馨。

D 设计选材 Materials & Cost Effectiveness

使用了通常被用在建筑外墙的灰砖作为内部装修建材之一，营造出建筑的特殊美感与功能。在每个空间内部随处可见的木雕屏风与青瓷洗脸台再度验证了设计师刻意交织古今与中西于一体的设计巧思。

E 使用效果 Fidelity to Client

有别于传统豪华酒店所提供的服务，上虞宾馆秉承让客人独享"雕琢奢华"的理念，将度假胜地的感觉巧妙地融入于当代都会空间中，形成低调奢华和内敛雅致的现代触感，现代风格与复古主义相互融合，丰富的感官体验，让宾客沉浸在个人专属奢华所带来的全新感受中。

项目名称_上虞宾馆
主案设计_郑小华
参与设计师_李水、董元军、楼婷婷
项目地点_浙江绍兴市
项目面积_23000平方米
投资金额_4600万元

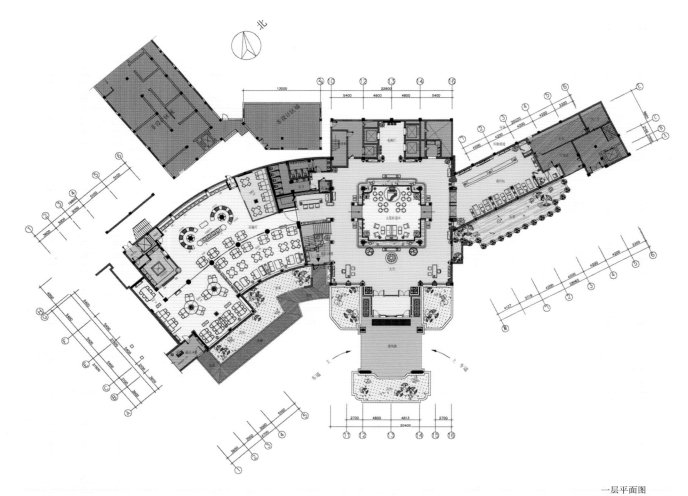

一层平面图

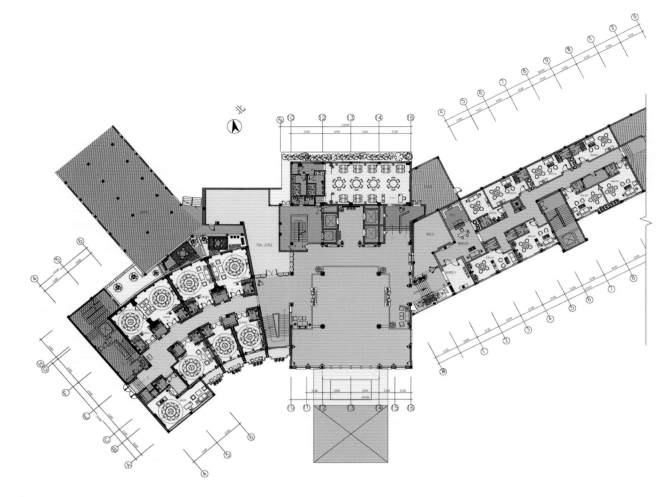

二层平面图

参评机构名/设计师名：
伍强 Gavin Wu
简介：
1997-2001年，福州喜来登装饰设计工程有限公司副总经理、首席设计。
2002-2005年，重庆日清城市景观设计有限公司副总经理、主设计。
2005-2008年，组建重庆艾唯室内装饰设计事务所总经理、首席设计。
2008至今，公司更名为重庆艾唯室内装饰设计有限公司总经理、首席设计。

木马酒店
Trojans Hotel

A 项目定位 Design Proposition

如今，一成不变的工作环境和倍感压力的生活节奏使得都市人们无所适从。清醒的他们拒绝一切约定俗成，而要追求一种无意、偶然和随兴而做的生活态度，木马酒店让他们存在！

B 环境风格 Creativity & Aesthetics

整个木马酒店自始至终我们都避谈风格，反常规挑战习惯，解构与重组则是我们设计一直坚持的。

C 空间布局 Space Planning

通过对项目背景的理解和对艺术文化的延伸思考，在坚持反常规的理念下，我们做了很多全新视觉感受的空间细节。如：门厅处向内延伸的墙面；穿过墙体的马；挣脱地心引力向下生长的仿真植物；走廊房门上谐趣横生的色彩表情等等……

D 设计选材 Materials & Cost Effectiveness

本案的设计选材谈不上什么创新，只是受制于成本控制的因素，借鉴了许多平面广告的手法来制作。如果这是一种创新的话，那么我们整个酒店的设计选材就是挖空心思的寻找便宜普通的材料，再挖空心思变换它的做法和表现形式。

E 使用效果 Fidelity to Client

木马酒店投入运营后，以它独到的设计理念，特有的设计手法，以及颇具特色的艺术效果，在当下诸多主题、风格都相对同质化的市场中，带来了一种反常规的时尚艺术气息，从而创造出全新的视觉感受。为求新、时尚、年轻化的人们打造出属于他们的艺术空间。

项目名称_木马酒店
主案设计_伍强
参与设计师_侯俊、刘意、苟博、马煜、魏文松、刘也、杨梦春、蒋希
项目地点_重庆
项目面积_4500平方米
投资金额_700万元

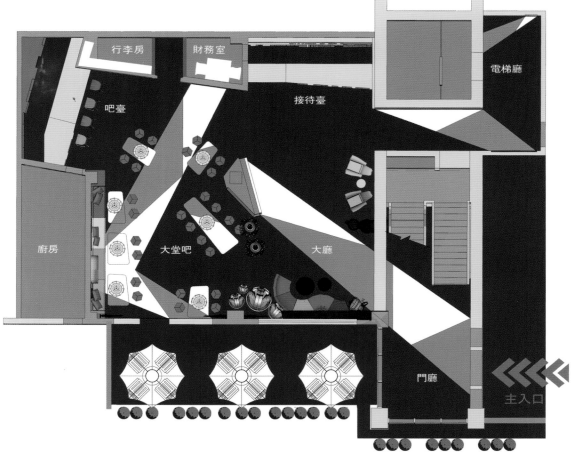

一层平面图

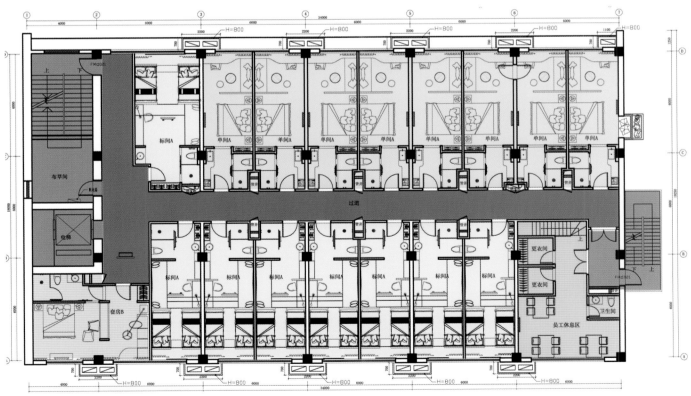

二层平面图

参评机构名/设计师名：
范日桥 Fan Riqiao
简介：
中国建筑学会室内设计分会 高级室内建筑师，
中国建筑装饰协会 高级室内建筑师，
CIID中国建筑学会室内设计分会第三十六（无锡）专业委员会 常务副主任，

IFI 国际室内建筑师/设计师联盟 会员，
法国国立科学技术与管理学院项目管理硕士学位，
2009年中国国际艺术博览会中国室内设计年度三十三人物之一，
江南大学设计学院建筑环艺学部课程顾问。

湖滨四季春酒店
HuBin Spring Season Hotel

A 项目定位 Design Proposition

在设计表现上，契合目标价值观。项目周边主力目标群为高收入中青年，具备"三高"共性，其消费习惯与消费空间调性需求上上更重视轻松、休闲和基于简约的品质感，回归意向鲜明。

B 环境风格 Creativity & Aesthetics

本项目环境营造采取"内外联动"，即室内与室外的环境逻辑，通过室内的开敞感受和动线的流转，与室外水景广场的呼应，延及整个湖滨景致，完成与自然的亲和互动。

C 空间布局 Space Planning

在空间布局上，"丰富性"成为整个室内空间的关键词，在整个大基调统一的背景下，依照各楼层不同的功能空间，在设计手法、空间切割上进行差异化表现，形成大小、重简、曲直、古今等不同向度的混响。

D 设计选材 Materials & Cost Effectiveness

木质在空间上得到最大化重视。现代简欧与日式相融的建筑，绿色葱茏的基地环境，适合自然化材质的介入，木质的内敛与自然成为首选，在处理方式上采用"做旧、做新参差揉和。

E 使用效果 Fidelity to Client

经营后的业态呈现利好趋势，一方面周边目的地型消费客群，从空间气质与业态气氛中得到了身心眷顾，另一方面，由于环境吸引，一些途径客群也渐次增多。

项目名称_湖滨四季春酒店
主案设计_范日桥
参与设计师_冯嘉云、孙黎明、郭旭峰
项目地点_江苏无锡市
项目面积_9000平方米
投资金额_5000万元

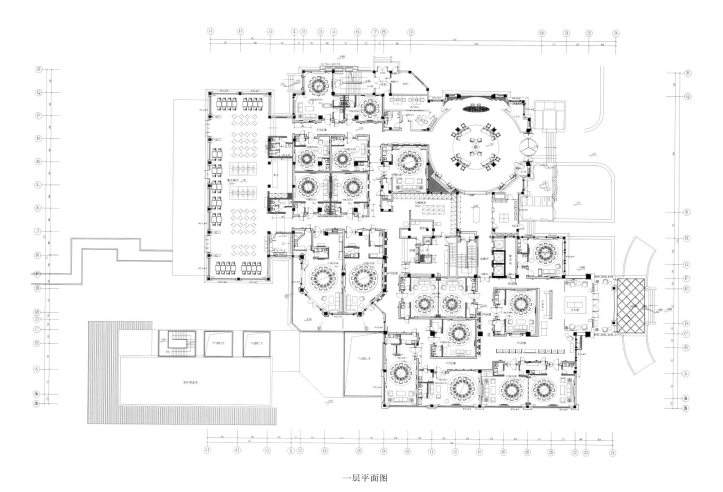

一层平面图

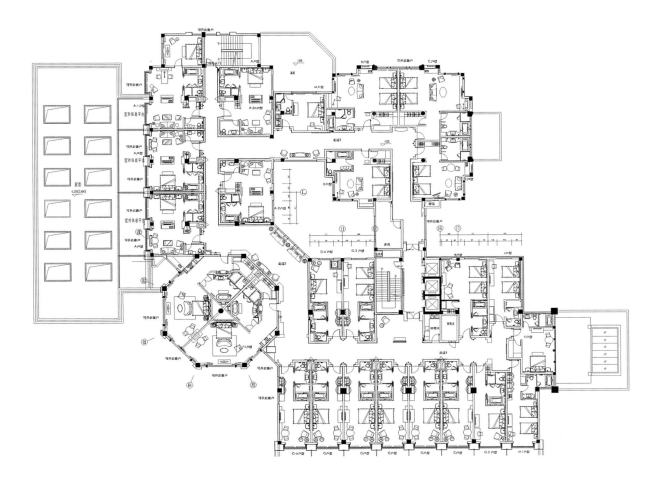

二层平面图

广州 K party
Kparty GuangZhou

碟会所
Disc Club

东方玛赛音乐会所
Oriental Maasai Music Club

广州增城迷迪会酒吧
Guangzhou MiNt Club

酷迪量贩式KTV
Cody KTV

北岸公馆
North Shore Residence

南京金陵会
Nanjing JinLing Club

北京 Coco Vip Lounger
Beijing COCO Vip Lounge

大公馆
Dragon Palace Nightclub

东方魅力娱乐会所
Oriental charm Recreation Club

We go 奇幻纯K量贩KTV
We Go KTV

唛克风量贩KTV
MY KTV

源: 摄影酒吧
THE SOURCE

JJ MUSIC 酒吧
JJ MUSIC BAR

格莱美 KTV
GRAMMY KTV

悦界新概念娱乐会所
YueJie Club

山西太原Bingo KTV
Bingo KTV

北京麦乐迪KTV月坛店
Melody KTV(YueTan)

苏州爱都酒吧
I DO Club

米乐星KTV武汉店
Milo Star KTV

参评机构名/设计师名：
罗文 Norman Law
简介：
大学主修建筑设计，移民美国后回归中国发展，主要致力于专业餐饮娱乐空间、休闲会所、酒店空间、电影院等公共空间项目设计。其设计简洁、艳丽，能引导最新的娱乐时尚设计潮流，秉承"在娱乐中我们可以工作，在娱乐中我们可以思考"的理念，在各类型项目的功能规划及室内设计方面具有非常丰富的专业知识和项目管理经验，其设计的项目多年来一直运营良好不衰，除设计项目外，更参与到不同项目的投资及营运管理中，从而成为一个更具全面知识经验的室内设计师。

广州Kparty
Kparty GuangZhou

A 项目定位 Design Proposition

晚霞落下接着是一个璀璨的晚上，人群的聚集和城市的繁忙而出现的晚上，令空间不仅是人们在城市生活中不可或缺的一部分，更充分体现了人们现今社会中的需求与氛围。

B 环境风格 Creativity & Aesthetics

本案例透过细节的关注，带来丰富的质感表现。这些空间以一种巧妙的方式组合在一起，展现一种整体性连接。

C 空间布局 Space Planning

大堂及自助餐的设计是整案的灵魂重心，通过过渡的处理方式将不同的空间巧妙地连接一起，转换多种功能的使命，随灯光减弱，音乐响起，自助餐旁的小型舞台则展现不同的功能，令人们享受不同的空间。

D 设计选材 Materials & Cost Effectiveness

通过黑镜与钛金的对话，跳跃的律动，引领走近光怪陆离的视觉盛宴。这一动一静与大厅与自助餐形成强烈空间反差，理性中带一点小闷骚。

E 使用效果 Fidelity to Client

每个空间均透过不同的元素展现设计的魅力，用不同的展示方式吸引人类的眼球，将空间充满时尚、休闲的氛围。

项目名称_广州Kparty
主案设计_罗文
参与设计师_胡燕凯、贺森、陈华超
项目地点_广东广州市
项目面积_10000平方米
投资金额_5000万元

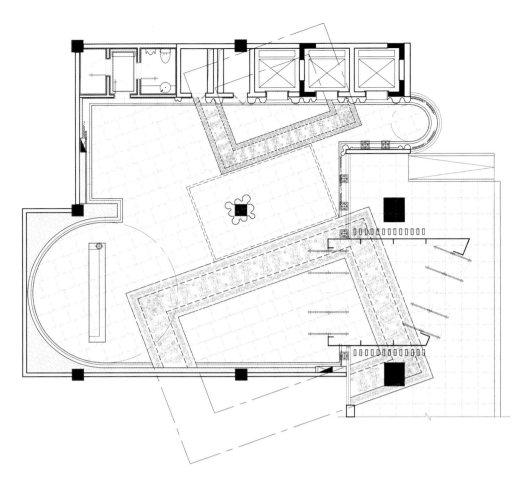

一层平面图

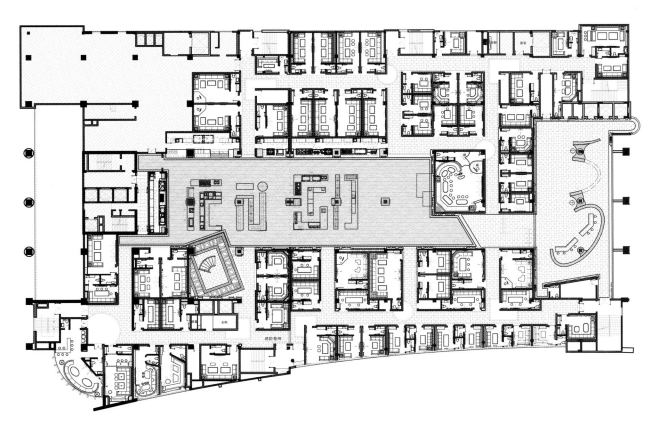

二层平面图

参评机构名／设计师名：
郑加兴 Zheng Jiaxing
简介：
亚太酒店设计协会理事CIID中国建筑室内设计协会温州专委会副会长森蓝.梦幻国际联合机构（董事设计）。

碟会所
Disc Club

A 项目定位 Design Proposition
庭院文化升级，使之成为新型商业空间。

B 环境风格 Creativity & Aesthetics
内院改造，重塑建筑邻里关系。三楼连建筑的户外花园可以为贵宾做户外小型Party和秀场。有一小型发光T台，让人欣赏户外美景的同时，私享大隐隐于市的庭院风光。楼层上为一层大厅，三四五楼为每层一主题式设计。三层现代简约风格，四层新东方风格，五层新古典风格。

C 空间布局 Space Planning
室内设计结合室外庭园，使用当地建材。

D 设计选材 Materials & Cost Effectiveness
使用当地建材。

E 使用效果 Fidelity to Client
达到预期效果，顾客满意。

项目名称_碟会所
主案设计_郑加兴
参与设计师_贾陈洁
项目地点_浙江温州市
项目面积_1800平方米
投资金额_1000万元

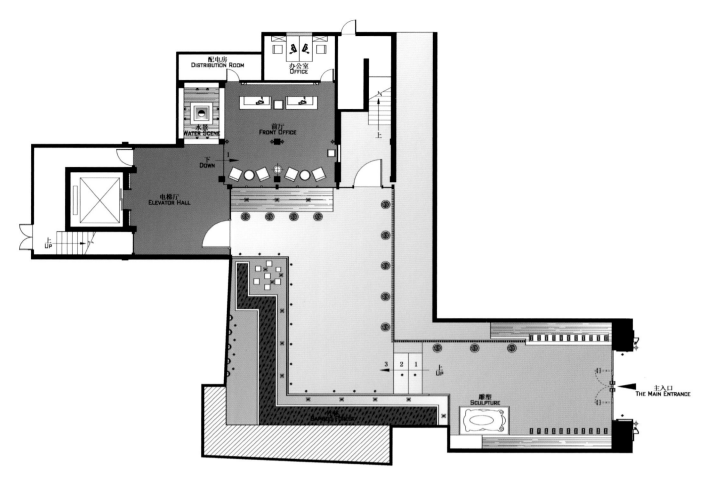

配电房
DISTRIBUTION ROOM

办公室
OFFICE

水景
WATER SCENE

前厅
FRONT OFFICE

下
DOWN

上
UP

电梯厅
ELEVATOR HALL

上
UP

3　2　1

上
UP

雕塑
SCULPTURE

主入口
THE MAIN ENTRANCE

一层平面图

禁止吸烟
No Smoking

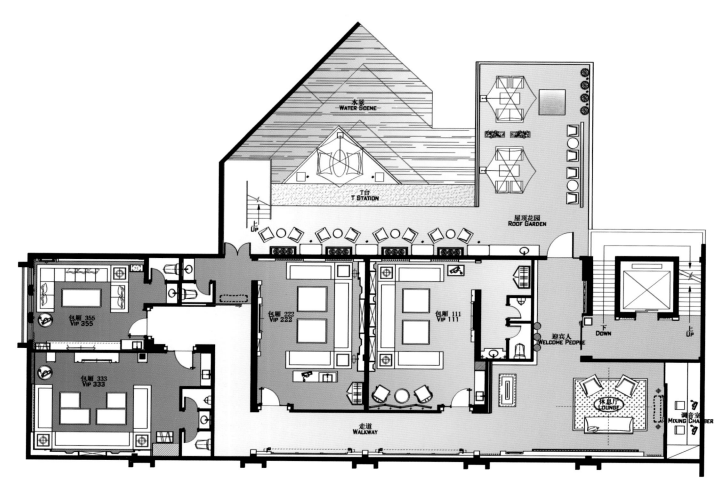

水景
WATER SCENE

T台
T STATION

屋顶花园
ROOF GARDEN

上
UP

包厢 355
VIP 355

包厢 333
VIP 333

包厢 222
VIP 222

包厢 111
VIP 111

迎宾人
WELCOME PEOPLE

下
DOWN

上
UP

走道
WALKWAY

休息厅
LOUNGE

调音室
MIXING CHAMBER

三层平面图

参评机构名/设计师名:
张清华 Steven
简介:
成功案例: 福州粤界时尚餐厅、新感觉音乐会所、金沙洲娱乐会所、平潭天涯海角尊之都会所等。

东方玛赛音乐会所
Oriental Maasai Music Club

A 项目定位 Design Proposition
当客户带我到原始现场看到一个闲置两年的一个粗糙的中式建筑时,我发愁了,又想定位当地最高端夜总会,又不能将其外观全部包裹起来,这样造价会高出很多。苦思几日无果,当外观手绘方案出来感觉还不错,于是贯穿于室内将这手法进行下去。

B 环境风格 Creativity & Aesthetics
只能借助这带有东方情怀的建筑,为商业以浮夸的装饰去凸显这些元素,赋予这些装饰效果新的特质,呈现出完全不同于过往与未来的新面貌。

C 空间布局 Space Planning
工整,对称。

D 设计选材 Materials & Cost Effectiveness
多元素混搭。

E 使用效果 Fidelity to Client
新古董是参考过去,透过历史去找灵感,创造出一个古今皆宜的新风格——新华丽古典主义。

项目名称_东方玛赛音乐会所
主案设计_张清华
参与设计师_维野娱乐设计团队
项目地点_江西九江市
项目面积_2300平方米
投资金额_700万元

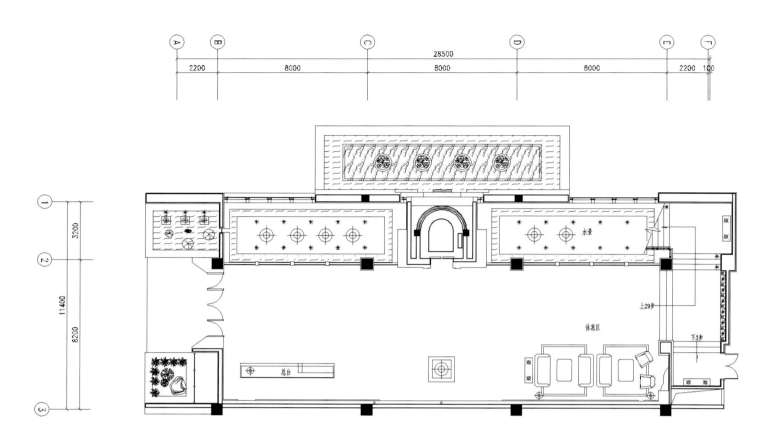

一层平面图

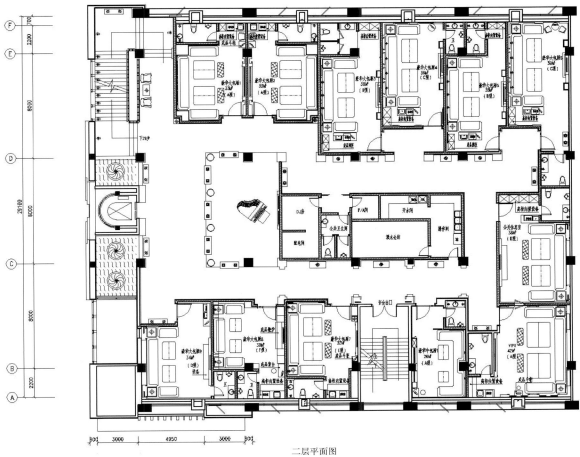

二层平面图

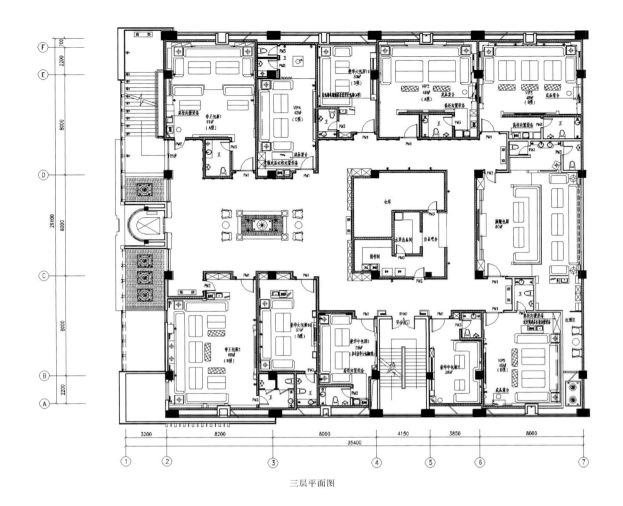

三层平面图

参评机构名/设计师名:
陈武 Yellow Chen

简介:
有着西方多国的游历视野，并对国际时尚文化有着极为敏锐和独到的领悟，善于将时尚、艺术、文化、科技完美结合，演绎全新时尚的装饰设计风格，亦成就了许多东西方文化混搭的经典作品，在历经纽约新冶国际设计和香港新冶设计十多余年的专业化的沉淀及发展后，致力于将新冶组团队打造成为中国最具时尚文化空间设计典范。以构想客户共鸣为创作意念，倾力为客户打造饱含独特气质并时尚创意的空间设计方案和整体优质的配套服务。

广州增城迷迪会酒吧
Guangzhou MiNt Club

A 项目定位 Design Proposition
在石材外墙的衬托下，这个带有20世纪工业风格建筑显得颇为宏伟，而与此形成鲜明对比的是建筑中多达20个紫色、黄色、绿色、蓝色……如同调色板一样的拼花玻璃窗，背后是怎样的世界？

B 环境风格 Creativity & Aesthetics
从入口处入手，我们将视觉聚焦到建筑中间的方形门框内，门厅墙上一串深紫色几何图形在留白的空间中营造出了某种特定的意境，看似朴实的工业时代建筑皮肤下，蕴含着时尚的生命活力。

C 空间布局 Space Planning
踏进大门，仿佛置身透明的水底溶洞，周围层叠的不规则圆形几何镂空墙板仿佛围绕着溶洞的水波，流动而又随意，这样的风格一直延续到一楼的舞台大厅，围绕着T型舞台和DJ台，大厅中的散台与卡座依次排开，但是更吸引人的是充斥着整个空间的不规则几何图形，在光影的营造下，既满足了空间造型的需要，也满足了功能的需要。与造型相比，设计师更加注重的是科技互动在空间气氛中的参与。

D 设计选材 Materials & Cost Effectiveness
二楼的包房属于金色与玻璃的专属冷峻色调逐渐取代了楼下颇为活跃而五彩的背景色，金属的气泡造型在楼梯拐角处不着痕迹地完成了这个过渡。光影的效果完全让位于空间使用者的需求，精心挑选的材料及其相应的质感代表着高端消费者的身份和地位，而墙面上偶尔出现的金属水滴空间造型元素和石材扇形造型元素，还依然延续着这座迷迪之城的后现代特征。

E 使用效果 Fidelity to Client
要点并不在于技术或者造型层面，而是更多地关注到空间使用者与空间互动的层面，迷迪之城，其实是人与欲望互动之城。开业以来，这个相对偏远的新区热闹了起来，她让人们记住了，有个迷迪在增城。

项目名称_广州增城迷迪会酒吧
主案设计_陈武
项目地点_广东广州市
项目面积_1338平方米
投资金额_1000万元

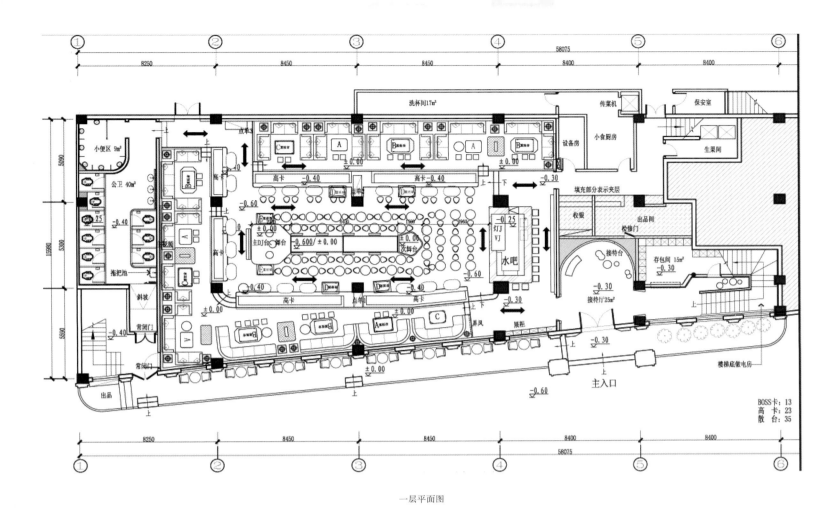

一层平面图

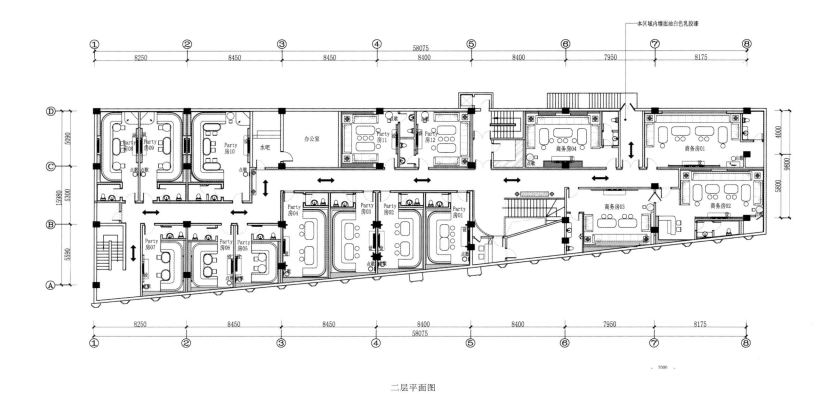

本区域内墙面油白色乳胶漆

二层平面图

参评机构名／设计师名：
叶福宇 Ye Fuyu
简介：
2012年IAI亚太室内设计双年大奖赛 娱乐空间（金座夜总会）（优秀奖），2012年艾特奖国际空间设计大奖（金座夜总会）最佳娱乐空间设计入围奖，2012年金堂奖中国室内设计年度优秀娱乐空间设计（惠州时代氧吧量贩式KTV），2012年中国室内设计师第一季度黄金联赛获工程案例（三等奖），2012年中国室内设计师第二季度黄金联赛获工程案例（三等奖），2010年惠州曼哈顿量贩式KTV，2011年惠州乐欢天量贩式KTV，2011年惠州时代氧吧量贩式KTV，2011年东莞虎门名豪KTV，2011年东莞厚街金座夜总会，2011年中山传奇量贩式KTV，2011年贵州贵阳凯歌国际俱乐部，2012年惠州小金口啦啦量贩式KTV2012年东莞创世纪俱乐部，2012年惠州金柜音乐会所，2013年东莞朝歌量贩式KTV，2013年中山朝歌量贩式KTV，2013年昆明缤纷年代音乐会所。

酷迪量贩式KTV
Cody KTV

A 项目定位 Design Proposition
酷迪量贩式KTV是为大多数人提供的健康娱乐场所。

B 环境风格 Creativity & Aesthetics
把繁、复、豪的KTV装修进行颠覆至简约，时尚，温馨的理念。

C 空间布局 Space Planning
整个布局定位位65间包间，大厅和超市采取通透的空间手法来演绎。

D 设计选材 Materials & Cost Effectiveness
材料，用了钛金，茶金，和大理石的结合，天花用的米色的墙纸。

E 使用效果 Fidelity to Client
本店给消费者的评价是很好。

项目名称_酷迪量贩式KTV
主案设计_叶福宇
项目地点_广东惠州市
项目面积_3100平方米
投资金额_1000万元

参评机构名／设计师名：
周宗夫 Zhou Zongfu
简介：
获得高级室内建筑师、高级景观设计师资格证，2011-2012年年度十大最具影响力设计师（餐饮娱乐空间类），浙江省建筑装饰行业贡献人物。历年来先后主持设计完成多项大型项目，并多次获得奖项。近年来致力于商业及娱乐设计，并逐渐形成个人独特设计风格，引起了市场的广泛认同，设计已延伸到全国市场，已成为商业设计领域具有影响力的设计师，特别在娱乐设计领域独树一帜。

北岸公馆
North Shore Residence

A 项目定位 Design Proposition
针对宁波娱乐高端市场，以室内独栋别墅形式的建筑形态，彰显物业的稀缺和尊贵，以宁波最顶端的消费群体为目标，以管家式的个性化尊崇服务，轻易拉开与同业的竞争关系。

B 环境风格 Creativity & Aesthetics
本案在设计手法上以建筑为母体，以室内营造室外建筑环境的手法，塑造出同类物业无法比拟的建筑形式与空间关系，以统一的造型语言完全区别于一般会所的浮华与张扬，以深沉内敛的气质贯穿内外，从而革命性地颠覆了娱乐所谓传统的模式。

C 空间布局 Space Planning
本案在空间布局中通过点、线、面的合理应用，以建筑的大与小，前与后穿插关系，塑造出一个自由生动的空间形式，使空间张弛有度，焕然一体。

D 设计选材 Materials & Cost Effectiveness
本作品在设计上不追求高档用材，设计仅仅围绕为主题服务的宗旨，选用能体现老公馆文化味道的青花瓷、仿旧木饰、木纹砂岩、老木地板等材质。

E 使用效果 Fidelity to Client
本案一经推出，引起同业的广泛瞩目，并成为当地最具文化影响力的高端娱乐会所。

项目名称_北岸公馆
主案设计_周宗夫
参与设计师_谢祥宝、杨国标、赵晓东
项目地点_浙江宁波市
项目面积_2400平方米
投资金额_2000万元

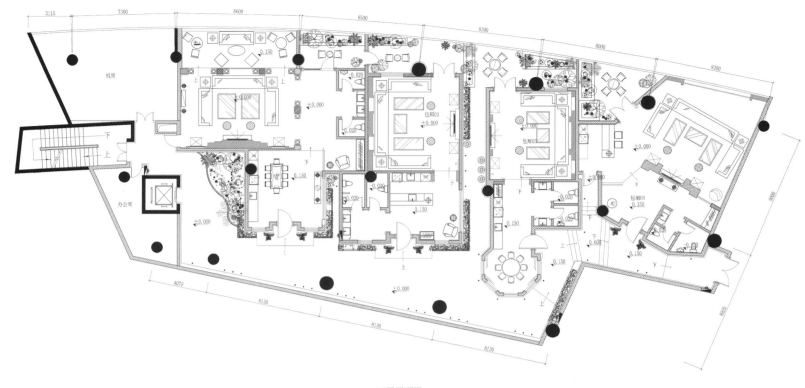

三层平面图

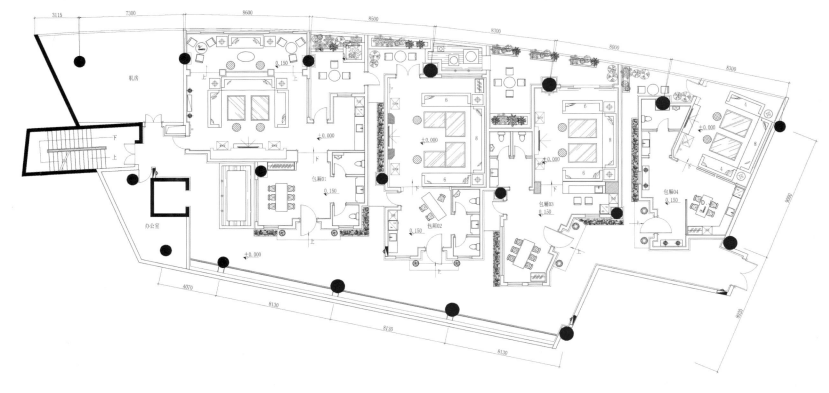

四层平面图

参评机构名/设计师名：
徐旭俊 Xu Xujun

简介：
国际建筑装饰室内设计协会华东分会理事，国际注册高级室内设计师，国际注册艺术家设计师协会理事，中国室内设计师协会专业会员，第四届全国高校空间设计大赛四大高校实战导师。

我们的108沙龙
Our NO.108 Salon

A 项目定位 Design Proposition

为在当地众多的静吧市场中脱颖而出，设计师从经营模式到空间布局，打破传统的模式。白天经营咖啡，晚上为派对酒会，为都市青年提供一隅派对娱乐的栖息佳境。

B 环境风格 Creativity & Aesthetics

朴实的素水泥、石头和螺纹钢，以及青花瓷镶嵌的五角星作为空间的点缀与渲染，与钢板的色彩（地球海洋、陆地抽象画）飘带形成一个集灯光、艺术、梦幻、意境为一体的静吧主题空间。

C 空间布局 Space Planning

首先在功能分布上，一楼巧用椭圆形式分割成若干个不同的半私密空间，给空间增添了浪漫的气息，喝酒、品咖啡的人与环境兼容，情趣相伴，给人诗意般的空间体验，这种私密性与互动性本身就是这个空间的亮点。二楼创意设计以地球的海洋和陆地符号，利用钢板、木板元素，飘带的钢板下自然围合成若干个开放式交流区域，非常贴切这个沙龙的定位。

D 设计选材 Materials & Cost Effectiveness

用材上采用钢板、钢管、钢网与木板、石头、素水泥等朴素材料形成对比，营造一个质朴而浪漫的空间，体现低碳、节能、绿色、时尚、环保的设计理念。

E 使用效果 Fidelity to Client

独特的空间格局在灯光中营造出浪漫的聚会氛围，备受青年朋友喜爱。

项目名称_我们的108沙龙
主案设计_徐旭俊
参与设计师_吴耀武
项目地点_江西南昌市
项目面积_350平方米
投资金额_60万元

参评机构名/设计师名：
梁国文 Man
简介：
广东省集美设计工程公司设计总监广州市梁氏
设计顾问工作室首席设计师中级室内设计师高
级室内建筑师高级工程师资深室内建筑师广州
市美术家协会会员IDA国际设计师协会会员中
国建筑学会室内设计分会会员广州市装饰行业
协会设计委副主任广东省陈设艺术协会理事。

钻石汇
Diamond Club

A 项目定位 Design Proposition
都市人在紧张的生活外情感释放平台。

B 环境风格 Creativity & Aesthetics
打造低调奢华空间。

C 空间布局 Space Planning
突出主体，摒弃缺点（原有空间高度不够）。

D 设计选材 Materials & Cost Effectiveness
充分利用材料的特性修补空间的缺点（如镜的利用）。

E 使用效果 Fidelity to Client
空间的利用最大化，运用灯光表现情感。

项目名称_钻石汇
主案设计_梁国文
项目地点_广东佛山市
项目面积_5293平方米
投资金额_2500万元

参评机构名／设计师名：
罗文 Norman Law
简介：
大学主修建筑设计，移民美国后回归中国发展，主要致力于专业餐饮娱乐空间、休闲会所、酒店空间、电影院等公共空间项目设计。其设计简洁、艳丽，能引导最新的娱乐时尚设计潮流，秉承"在娱乐中我们可以工作，在娱乐中我们可以思考。"的理念，在各类型项目的功能规划及室内设计方面具有非常丰富的专业知识和项目管理经验，其设计的项目多年来一直运营良好不衰，除设计项目外，更参与到不同项目的投资及营运管理中，从而成为一个更具全面知识经验的室内设计师。

北京COCO Vip Lounger
Beijing COCO Vip Lounger

A 项目定位 Design Proposition

COCO VIP Lounge坐落于北京工人体育场南门，毗邻北京著名工体酒吧区，为现时北京最时尚的夜店之一。以时尚、娱乐、休闲、文化四大元素，运用解构、重组、夸张等设计手法，打造全方位的玩乐主义夜生活。

B 环境风格 Creativity & Aesthetics

欧式元素经典的装饰魅力给予一种当代设计语汇的转换，透过细节的关注，带来丰富的质感表现。这些空间以一种巧妙的方式组合在一起，展现一种整体性连接。

C 空间布局 Space Planning

大厅及包厢设计是本案的灵魂设计重心，它被赋予沟通不同空间，转换多种功能的使命，随灯光减弱，音乐响起，成为公众玩乐嬉戏的载体。空间的双重性格，充斥着矛盾与意外，戏剧性的解构空间，重新演绎这夜的誓词。

D 设计选材 Materials & Cost Effectiveness

罗马元素重组，将灰镜与爵士白相承托，张扬不失细腻，钛金与爵士白的对话，跳跃的律动，引领走近光怪陆离的视觉盛宴。

E 使用效果 Fidelity to Client

夜幕渐渐降临，人群步行于繁华喧闹的路上，街道上炫丽耀眼的建筑中遇到一座低调、现代而柔和、舒适的景色映入眼帘，瞬间让人群间的疏离感消失，团聚一起，享受脱离都会生活的紧张。

项目名称_北京COCO Vip Lounger
主案设计_罗文
项目地点_北京
项目面积_600平方米
投资金额_300万元

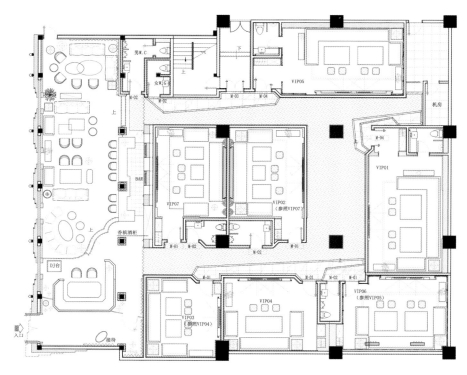

平面图

参评机构名/设计师名：
王践 Jason
简介：
宁波矩阵酒店设计有限公司联合创始人/董事总监，王践设计与艺术研究中心总设计师，宁波城市职业技术学院毕业生导师，CIID中国建筑学会室内设计分会会员，ICIAD国际室内建筑师与设计师理事会宁波地区理事，宁波市建筑装饰行业协会设计委员会秘书长，宁波精锐设计联盟常务副会长。

大公馆
Dragon Palace Nightclub

A 项目定位 Design Proposition

项目本身体量庞大，且置身五星级酒店辅楼，市场定位为高端消费人群。求新、求变，引领当地娱乐风向，研究并利用场地特质，力求最大化空间价值，使空间不仅成为艺术品，更是公众使用者的天堂。

B 环境风格 Creativity & Aesthetics

人才是空间的主体。在装饰手法上摒弃繁复琐碎的造型，以简约现代甚至夸张的手法来表现空间。通过大块面的色彩与干净利落的几何体块，形成穿插与对比，建立强烈的视觉冲击并寻求平衡。尤其在公共空间的处理上，色调和造型是素雅和沉静的，空间的尺寸和维度让你感觉得到它的气势和强烈的存在感。

C 空间布局 Space Planning

设计前期与经营者深入沟通，准确定位策划及经营方向，精确计算与规划营业区域与共享空间、后场空间的比例关系，严格遵循消防疏散等安全要求，合理规避法律法规与装饰美化之间的风险与矛盾，强调交通动线与人流组织，做到对内与对外两大服务版块的顺畅与便利。

项目名称_大公馆
主案设计_王践
参与设计师_毛志泽、宋国锋、廖永康
项目地点_浙江台州市
项目面积_10000平方米
投资金额_5000万元

D 设计选材 Materials & Cost Effectiveness

大量运用易加工成型、可再生且达到防火等级的铝材。工业化的流程大大降低生产安装成本。运用幻彩及陶瓷马赛克这一古老而神秘的装饰建材。利用马赛克多变的色彩和细腻的质感装点空间。超大幅面的图案无需过多装饰。让传统的陶瓷、玻璃类建材与新型的金属类材料在同一空间中和谐共生。

E 使用效果 Fidelity to Client

体量宏大，尺寸与维度都十分震撼又不乏舒适。色调与装饰风格自成一派，与传统娱乐空间形成鲜明对比，激发消费者强烈的好奇心。简约整体的装饰手法和坚固耐用的装饰建材也大大降低了经营者的维护、保养成本。项目在完工投入运营后很快收回成本实现盈利，获得了业主与消费市场的高度认可和肯定。

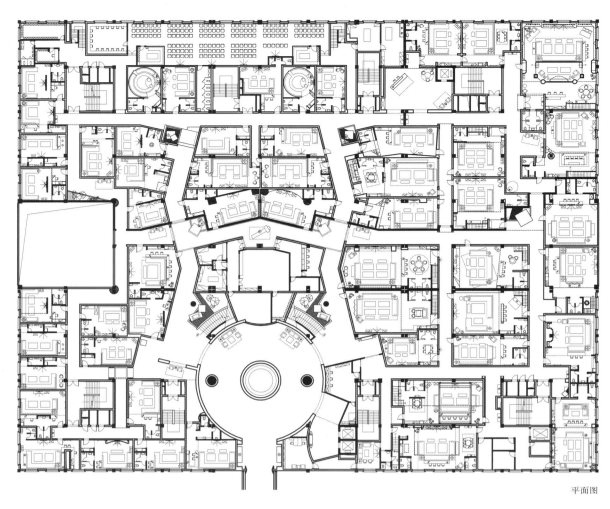

平面图

参评机构名／设计师名：
郑加兴 Zheng Jiaxing
简介：
亚太酒店设计协会理事CIID中国建筑室内设计协会温州专委会副会长森蓝.梦幻国际联合机构（董事设计）。

东方魅力娱乐会所
riental charm Recreation Club

A 项目定位 Design Proposition
创新型的娱乐休闲方式。

B 环境风格 Creativity & Aesthetics
空间丰富，在电梯厅的尽头的中厅有很大的室内天景和琴吧，把苏州园林和院落的概念引入奢华的欧陆。

C 空间布局 Space Planning
室内布局里达到中西合璧的巧思设计。

D 设计选材 Materials & Cost Effectiveness
使用复合型材料替代真实木材。

E 使用效果 Fidelity to Client
达到预期效果，顾客满意。

项目名称_东方魅力娱乐会所
主案设计_郑加兴
参与设计师_文艺
项目地点_江苏苏州市
项目面积_5000平方米
投资金额_1200万元

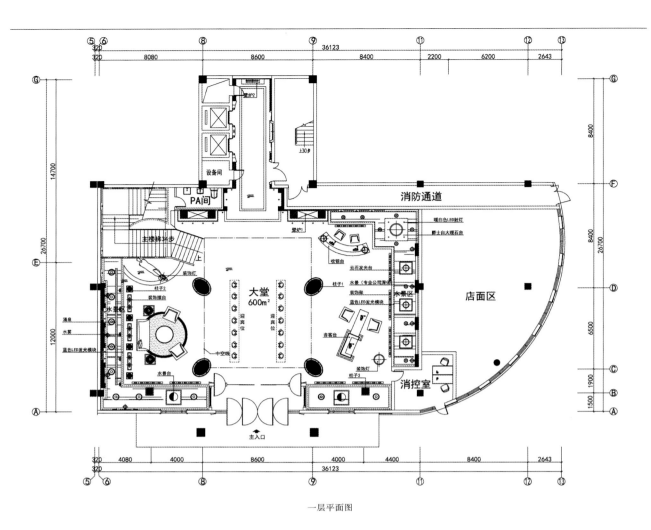

一层平面图

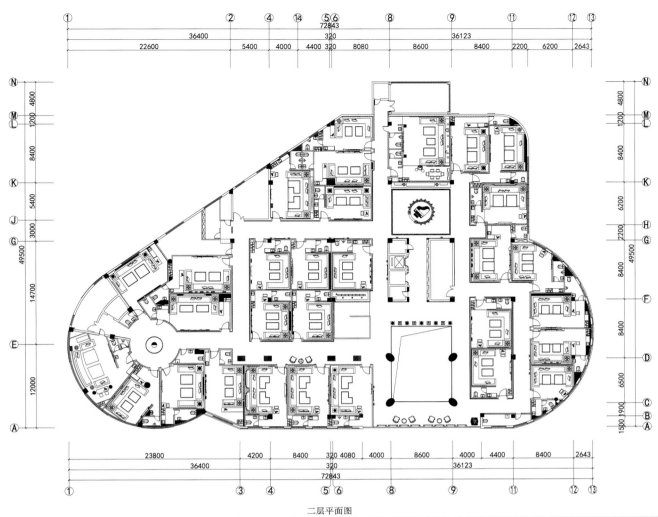

二层平面图

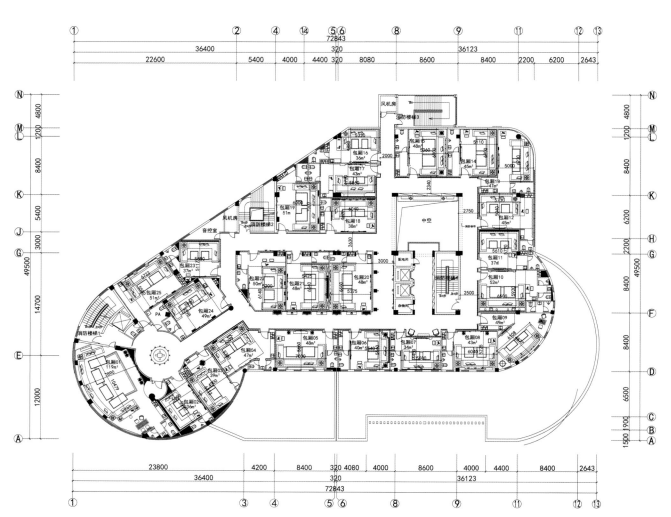

三层平面图

融 科智地瀚棠会所
Raycom HanTang Club

北 海 会 所
Beihai Club Decoration Design

宝 石树红酒会所
Gemtree Vineyards

君 临会高尔夫私人俱乐部
JunLin Golf Club

济 南 绍 业 堂
Jinan ShaoYeTang

三 苏祠博物馆景苏楼会所
Sansuci Jingsulou Club

宁 波东钱湖悦府-枫丹白露悦府会店
ingbo Dongqian Lake
Fontainebleau Yue House, Phase I

南 昌大学总裁之家-
泰耐克阳光会所
Nanchang University President's
Home-Sunshine Club

迷 藏
Kura

汇 所
Yi Hui Suo

济 宁 南 池 茶 舍
Jining NanChi Tea House

味 坊
YI WEI FANG

谛 梵 养 生 会 馆
DiFan Health Club

九 龙 香 缇 会 所
Santika Club of Kowloon

逍 遥会国际顶级养生会所
XiaoYao SPA

君 尚 会 SPA 会 所
JiunShanHui SPA

PRIME 私 人 健 身 会 所
PRIME Fitness

郡 府会
Jun Fu Hui

茧 三
JIAN

原 理 美 发 沙 龙
Reali Salon

BEST DESIGNER .ORG

良品

参评机构名／设计师名：
杭州良品室内装饰设计有限公司/
Hangzhou Liangpin Interior Design

简介：
良品设计机构创立于1999年，专注于地产、餐饮、娱乐，办公等商业室内设计及展示。十一年来，良品时刻关注流行、古典、现代，各类美学元素的发展趋势，一全新的设计理念、独

特的商业艺术馆，结合客户的实际需求，卓越的追求为客户度身定位缔造出一个个品味独特、时尚精彩的艺术空间。

融科智地瀚棠会所
Raycom HanTang Club

A 项目定位 Design Proposition
定位为高端人士社交服务的顶级俱乐部，引入历史最悠久，最有国际色彩的北京美洲俱乐部为经营方。

B 环境风格 Creativity & Aesthetics
采用殖民时期的维多利亚酒店风格，高挑的天花，复古的地板等烘托古典奢华的气氛。

C 空间布局 Space Planning
采用中轴线层层进入，区域分层等手法。局部功能区域采用错层概念，丰富了客户体验的空间感。

D 设计选材 Materials & Cost Effectiveness
选材使用了古典维多利亚时期的古典铜质天地插销，铜扳手等材质，及古典木地板等结合特质墙面涂料处理。

E 使用效果 Fidelity to Client
引领城市新豪宅标准，成为真正令滨海、令天津动容的居住地标，吸引大批高档人士入驻，并接待当地高档商务会客及影视取景。

项目名称_融科智地瀚棠会所
主案设计_杨春蕾
项目地点_天津
项目面积_3500平方米
投资金额_4000万元

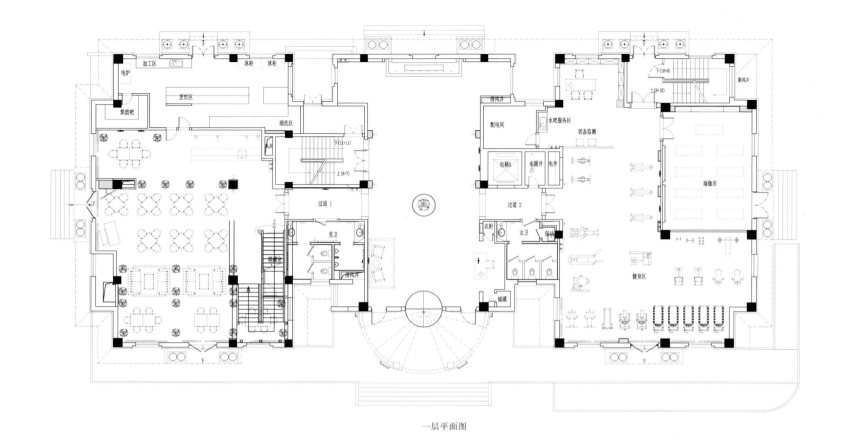

一层平面图

参评机构名／设计师名：
中国建筑设计集团筑邦设计院/
Beijing Truebond Architecture Decoration engineering company .LTD
简介：
所获奖项：2012年度中国建筑装饰绿色环保设计五十强企业、北京市建筑装饰工程优秀设计奖（创意类）、北京市建筑装饰工程优秀设

计奖（工程类）、中国建筑装饰协会颁发的筑巢奖金奖。
成功案例：首都博物馆室内项目、外研社办公大楼室内项目、中石化办公大楼室内项目等。

北海会所
Beihai Club Decoration Design

A 项目定位 Design Proposition

本案作为私人接待的高端会所，无论从空间尺度，还是从设计标准上都尽显宾客的重要性，不是以奢华的装修效果切入，而是更多的表达中国低调内敛的文化内涵。

B 环境风格 Creativity & Aesthetics

新中式的室内空间配合新中式的建筑风格，以及新中式的庭院环境与百年古建大门形成鲜明对比，即不失古韵，又增添了现代感。

C 空间布局 Space Planning

一层空间的主次包间，以庭院作为分割，私密性更强；二层作为书画室、茶室和客房等，空间更为安静。

D 设计选材 Materials & Cost Effectiveness

手绘开片瓷、彩泥。

E 使用效果 Fidelity to Client

运营后一直宾客满棚，好评连连，为业主提供了舒适而愉快的接待环境。

项目名称_北海会所
主案设计_高志强
参与设计师_刘彦杰、尤琳、李海东
项目地点_北京
项目面积_1000平方米
投资金额_80万元

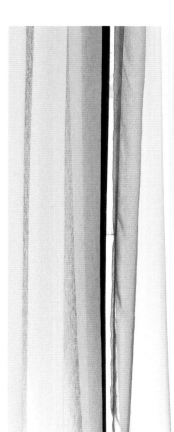

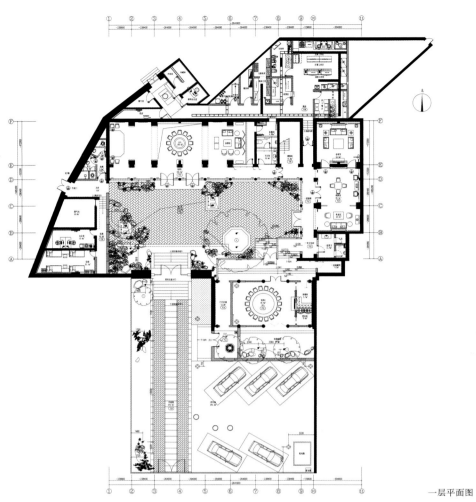

一层平面图

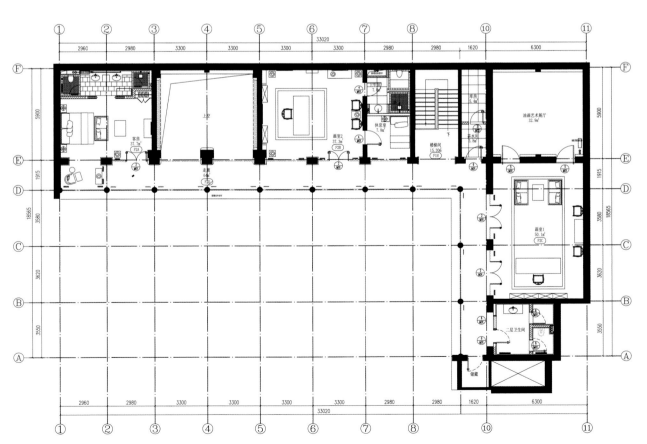

二层平面图

参评机构名／设计师名：
多维设计事务所/DOV DESIGN co
简介：
成都多维设计事务所是多维设计事务所大陆总部。多维设计成立于1995年，旗下有香港多维艺术有限公司，(香港)多维艺术陈设，成都大木设计中心和武汉多维空间艺术有限公司，专业从事建筑装饰工程设计。现为国家乙级建筑装饰设计资质，获得国内外多种奖项。已经为多家国际品牌空间设计提供服务，其原创研究的"基于营销策划和客户需求的整合设计方法"以及"前设计系统"，已经在国内受到广泛关注。
室内设计领域：房产业空间、公建商业空间、精装房、办公空间、连锁专卖店、公共空间、配饰陈设工程设计。

宝石树红酒会所
Gemtree Vineyards

A 项目定位 Design Proposition

本案是集葡萄酒文化、体验、品酒、销售、接待功能为一体的综合性酒庄，如果按照传统欧式酒庄设计，与消费者心目中的"正宗"欧式酒庄会产生冲突，因此折中了传统欧式风格的共性语言加以整理，形成市场认可的欧式酒庄。

B 环境风格 Creativity & Aesthetics

设计的欧式出彩度有限；本案力图在有限的空间及层高的限制下，竭力寻找设计的本质性语言，而不仅着眼所谓欧式的符号，同时在地毯和地面设计方面做了相对混搭的反差对比。设计创新点主要是在灯光方面，因为传统欧式建筑室内并无现代灯具，因此对反光槽这类设备尽量做了消解。

C 空间布局 Space Planning

在高端场所追求欧风的潮流下，设计师避免了常见欧式室内空间的设计往往只追求形，忽略轴线、动线设计的精髓和尺度的把握。因此要按严格的欧式风格设计，采用居中、对称、中心发散形式。

D 设计选材 Materials & Cost Effectiveness

大量运用场外加工固装墙板。

E 使用效果 Fidelity to Client

2013年成都糖酒会红酒品鉴主会场，成为该酒庄的全国旗舰店，完成了招商任务。

项目名称_宝石树红酒会所
主案设计_张晓莹
参与设计师_范斌、敖谦、刘昶
项目地点_四川成都市
项目面积_800平方米
投资金额_240万元

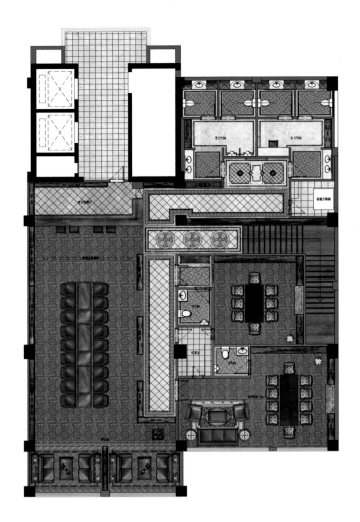
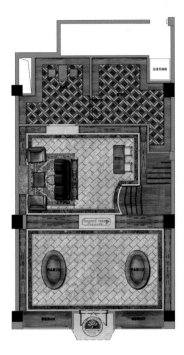

平面图

参评机构名/设计师名:
张婷婷 Tinna

简介:
毕业于四川美术学院,本科学位。现任香港观念设计设计总监。
设计案例:保利高尔夫509栋、501栋、532栋等。

君临会高尔夫私人俱乐部
JunLin Golf Club

A 项目定位 Design Proposition
与同类竞争性物业相比,作品独有的设计策划、市场定位。西南第一家高尔夫主题私人俱乐部,市场定位为高端私人主题性社交会所。

B 环境风格 Creativity & Aesthetics
与同类竞争性物业相比,作品在环境风格上的设计创新点,设计的精髓不在于醒目,而在于本质的表达,通过每一个细节,感受品质的存在。自然是这件作品在环境风格上设计创新点。

C 空间布局 Space Planning
私密和融合是这次作品在空间布局上的设计创新点,在突出私人圈层社交的同时,我们也十分注重商业活动所需的开放与融合。

D 设计选材 Materials & Cost Effectiveness
我们坚持认为不是每一件作品都一定会在设计选材上进行创新,为了保持对历史的尊重我们使用了与作品风格相匹配木材作为这次设计的主体材质。

E 使用效果 Fidelity to Client
市场反馈信息良好,会员制条款正在制定中,9月正式开业。

项目名称_君临会高尔夫私人俱乐部
主案设计_张婷婷
项目地点_重庆
项目面积_3300平方米
投资金额_3500万元

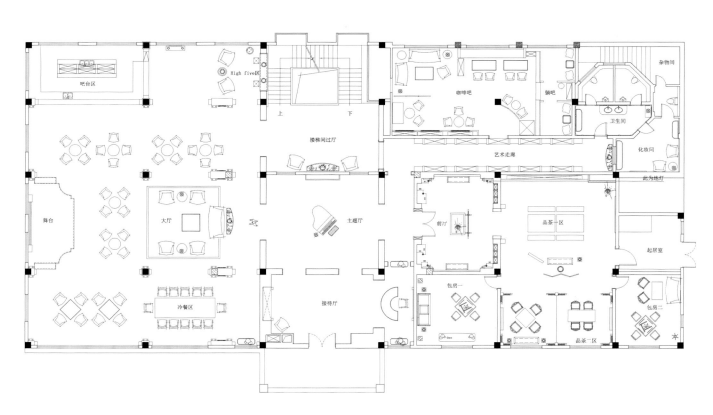

一层平面图

参评机构名/设计师名:
张迎军 Zhang Yingjun
简介:
中国室内空间环境艺术设计大奖赛二等奖,中国室内设计观摩展最具创意奖。
成功案例:澳门豆捞,阅微食府,东北虎黑土印象,绍业堂。

济南绍业堂
Jinan ShaoYeTang

A 项目定位 Design Proposition

绍业堂位于山东省济南市,是以经营陈年普洱茶、名家紫砂壶、回流日本铁壶为主的专业茶会所,也是大石代设计咨询有限公司"文化传承系列"主题的另一新作。

B 环境风格 Creativity & Aesthetics

会所环境文气素雅,在这里品茶不仅能欣赏到名家的书画墨宝,还可挥毫泼墨,是雅集、闲谈、社交的理想去处。业主夫妇是两位茶行履历颇深的收藏家,有独到的茶主张,最终确定了设计主题:百年茶塾——绍业堂,以百年书香门第的徽派老宅装载百年的老壶和普洱茶的陈韵。

C 空间布局 Space Planning

"绍业堂"门匾源自光绪年间清廷名臣洪钧之手,寓意为"绍承先志业,和睦泽堂长"。由此为基点,借鉴洪钧祖宅的格局以徽派建筑抬梁式屋架为载体,烘托出一座具有书香韵味的别样茶塾。茶楼采用徽派砖雕的门楼,门两侧配楹联及石墩,门前栽有绿植和桂花树,精雕朴琢、古韵雅美。

D 设计选材 Materials & Cost Effectiveness

整体呈现为三进两院的格局,外院置景,内院为茶及茶具的展厅,短廊将两院连接。内院一方通往业主夫妇的私人茶室,另一方则是为客人设置的茶会。两方茶室均列有名人书画、名家收藏,并置以红酸枝明式家具,增添空间的典雅气质,彰显主人的品味。

项目名称_济南绍业堂
主案设计_张迎军
项目地点_山东济南市
项目面积_200平方米
投资金额_120万元

E 使用效果 Fidelity to Client

绍业堂集品茗、茶会、笔会、琴会、休闲商务、名人雅集等为一体,是各界名流名仕闲来雅聚的好去处。

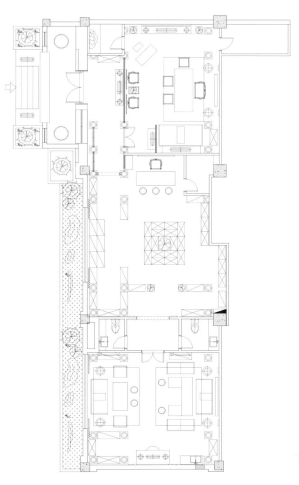

平面图

参评机构名/设计师名:
王砚晨 Wang Yanchen
简介:
毕业于中国西安美术学院意大利米兰理工大学
国际室内设计硕士经典国际设计机构(亚洲)有
限公司 首席设计总监北京至尚经典装饰设计
有限公司 首席设计总监中国建筑学会室内设
计分会 会员。

三苏祠博物馆景苏楼会所
Sansuci Jingsulou Club

A 项目定位 Design Proposition

位于四川省眉山市的三苏祠博物馆内,其间绿意环绕,碧水迎风,优越的园林环境将建筑物收藏其中。原有建筑为二层砖木结构,曾作博物馆的招待所使用,由于多年闲置,庭院内杂木丛生,水道淤滞,给设计带来极大的机会及挑战,此次改造将景苏楼打造为综合性的高端休闲空间,为博物馆提供新的服务功能。

B 环境风格 Creativity & Aesthetics

室外空间的设计将传统的造园手法与当代的审美需求相结合。曲折的回廊将两处院落分隔开,但又形成空间上的连续性,庭院中的瀑布成为主景观,倾泻而下的水流形成动感的韵律和美妙的音阶,成为整个院落的中心,整个庭院充分体现中式园林"移步换景"的手法,每走一段路或转个弯都会有不同的视觉听觉体验,"随机因缘,构图成景"这也是中国式庭院生活的精髓。

C 空间布局 Space Planning

室内空间的营造同样以庭院为中心,中国的文人是为庭院而生的,居于室内,窗成为内外景致连接的媒介。于是窗的材料,选用了近似传统窗纸的夹绢玻璃。透过格栅,院内的景致隐约可见,形成了梦幻的意境。室内的空间设计尊重中国古建筑的内空间结构,充分体现了中式古典建筑的结构及空间美感。

D 设计选材 Materials & Cost Effectiveness

在室内材料及家具的使用上,注重选择有细腻质感的材料,如珠粒壁纸,丝质皮面,石材马赛克等,塑造出古典优雅的高贵室内空间。协调淡雅的色彩搭配,更是契合中国文人生活意境的品位需求。

E 使用效果 Fidelity to Client

设计工作围绕中国文人的庭院生活展开,苏东坡是宋代的文坛领袖,当其时,呼朋唤友,快意人生。景苏楼会所也寄期望成为今天中国上层精英人士的首选会聚之地。

项目名称_三苏祠博物馆景苏楼会所
主案设计_王砚晨
参与设计师_李向宁、杨丁
项目地点_四川眉山市
项目面积_3800平方米
投资金额_900万元

参评机构名／设计师名：
深圳秀城设计顾问有限公司/
SHENZHEN UCSGROUP INTERIOR DESIGN
ARCHITECTS CO.,LTD

简介：
所获奖项：金堂奖十佳案例、亚太室内设计大
奖、中国室内设计大奖一等奖、金指环全球大
奖、中国建筑传媒奖、最成功设计大奖。

成功案例：正中时代广场、三九医药企业总
部、百利宏企业总部。

UCS 秀城设计
GROUP

林间会所
Club in Woods

A 项目定位 Design Proposition
这里的建筑和环境是互融互通的，倡导新型企业会所的空间观念，影响土地开发者和土地建立友好开发模式。

B 环境风格 Creativity & Aesthetics
离地面1.2米高的房子下面有水流经过，水汽可以透过室外平台木板间隙，调节了人活动平台的微气候。采用了部分可持续设计方案（比如雨水收集、生物净化污水、太阳能热水等），由美国 Arcturis事务所提供，实际实施仅是其中一小部分。

C 空间布局 Space Planning
房子也可以成为配角，体现自然宁静之美，我们去山里建房子，肯定打破了原来的环境，很简单的一个道理，人舒服了，鸟可能就不太舒服，重要的是，如何让二者之间找到一个最佳的平衡，不要过多地打搅自然，不要让鸟儿太不舒服。

D 设计选材 Materials & Cost Effectiveness
混凝土地梁及柱基础、直径180mm的钢结构柱子可以实现比较纤细的结构，钢梁及钢屋架让房子变得比较轻而牢固，双层屋面的做法有利于通风隔热，建材因可回收再利用而显得环保。

E 使用效果 Fidelity to Client
获得了商业及社会影响力上的成功。在钢材日益减价的中国，创新出一种在不宜建筑的果园基地内以钢结构搭建临时建筑的新模式，有利于减少建筑对环境的破坏，建造成本仅50万美金，建成当年被估值500万美金，实现了物业增值。

项目名称_林间会所
主案设计_陈颖、李穗
参与设计师_郭利华
项目地点_广东惠州市
项目面积_1000平方米
投资金额_300万元

参评机构名／设计师名：
孙传进 Frank
简介：
"2012金堂奖年度十佳休闲空间设计"，
"2012金堂奖年度优秀休闲空间设计"。
成功案例：宜兴巴登巴登温泉会所、镇江九鼎
国际水会。

溧阳巴登巴登温泉会所
Liyang Baden-Baden Hot Spring Hotel

A 项目定位 Design Proposition
该项目为溧阳市高级室内休闲SPA会所。空间灵动转折中体现了设计要点，溧阳当地商务休闲新地标。

B 环境风格 Creativity & Aesthetics
以灵动十足的折线为空间发轫，通过线条的转折，引导人流形成明确的空间暗示。

C 空间布局 Space Planning
两个挑空形成了极其呼应的空间契合，通过曲折的前区和大气灵动的休闲区引发了来自心灵的悸动。

D 设计选材 Materials & Cost Effectiveness
珍珠与马赛克，装饰类镜钢片。

E 使用效果 Fidelity to Client
同期在当地市场创营销最高值。

项目名称_溧阳巴登巴登温泉会所
主案设计_孙传进
参与设计师_胡强
项目地点_江苏常州市
项目面积_4500平方米
投资金额_2000万元

四层平面图

参评机构名／设计师名：
孟可欣 Monk

简介：
著名室内设计师，开创以辞达、善空间、谦虚美学为核心的设计美学理念。擅长将中国古典哲学思想与当下艺术，生活，时尚等元素结合，来构建新的生活方式。被称为"谦逊有加、实力非凡"的室内设计师。

迷藏
Kura

A 项目定位 Design Proposition
不敢谈城市角度，这个角度太大，只不过是在城中的一间小会所，只敢谈心得和体会。任何造物的过程是，需求，设计，制造，使用。所以首先从使用者的角度考虑出发。本案的业主是服务高端客户的家居企业，客户的业务主要是高端豪宅。在临近公司的位置构思一个多功能会所。主题主要是与"家""生活""艺术"有关。

B 环境风格 Creativity & Aesthetics
更多去发现在现有事物的从新组合，共融。在冲突中求融合，变化中求统一。

C 空间布局 Space Planning
本案在空间动线上为套叠递进的形式，从静谧到绚烂到凝重。在过程中置换这各种表情。

D 设计选材 Materials & Cost Effectiveness
实木拼花地板镶嵌石材的拼接方式，地面石材被排列成古代铠甲的锦子图案。

E 使用效果 Fidelity to Client
受到广大的好评。

项目名称_迷藏
主案设计_孟可欣
参与设计师_LULU、刘洋
项目地点_北京
项目面积_1000平方米
投资金额_700万元

参评机构名/设计师名：
康铭华 Oliver
简介：
毕业于南亚技术学院建筑系。现任远硕室内装修工程有限公司设计经理。作品：中悦音乐广场，中悦捷宝花园，中悦捷宝，柏悦海华帝国康顺建设，县府敦品公设设计，康钧建设，八德湖水裔公设设计，旭盛建设林口采钻公设设计，竹冠建设，MBA公设设计，国家美学馆，竹北馥邑双星竹北御品。
2012-8月 SH L宅，2011-10月 FUN 国家美学馆，2011-6月 SH 竹北馥邑双星，2011-3月 Living 海华帝国。

一汇所
Yi Hui Suo

A 项目定位 Design Proposition
虽然将空间划分为接待区、阅读区、交谊厅，却也提供了社区一个聚集学习的空间，例如社区读书会或社区演讲。

B 环境风格 Creativity & Aesthetics
典雅又不过分华丽，新古典使人有一种清爽的优雅感。

C 空间布局 Space Planning
局部挑高的空间设计，使人一踏入社区大厅，就有一种贵宾级的迎接感，有别于一般高度的开阔。

D 设计选材 Materials & Cost Effectiveness
柚木原是沉稳、朴素的材质，但却与点缀的金色罗马柱头。大理石柱身巧妙的配搭，壁面的中段虽然同样用了线板的手法，却用了烤漆、大理石两种不同的材质交替运用，使空间充满层次感与变化。

E 使用效果 Fidelity to Client
为繁忙的现代人提供了可以与人交流的空间，不再只是陌生地住在同一个社区，孩子游戏、玩耍，也很放心。

项目名称_一汇所
主案设计_康铭华
项目地点_台湾台北市
项目面积_1200平方米
投资金额_800万元

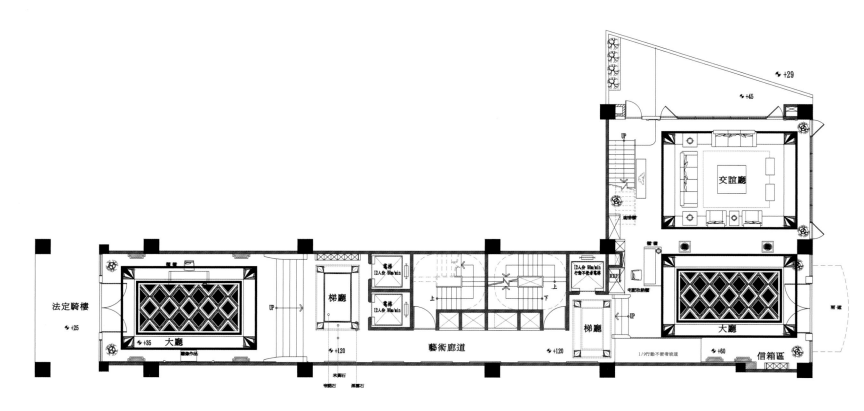

一层平面图

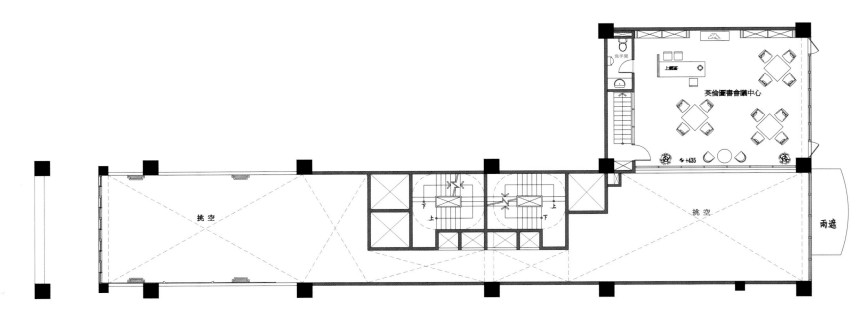

二层平面图

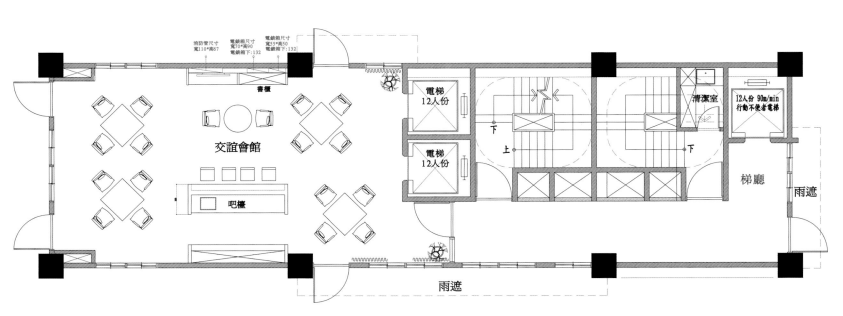

三层平面图

参评机构名／设计师名：
程明纲 Cheng Minggang
简介：
成功案例：济宁南池茶舍
所获奖项：中国室内空间环境艺术设计大奖赛
二等奖，中国室内设计观摩展最具创意奖。

济宁南池茶舍
Jining NanChi Tea House

A 项目定位 Design Proposition

茶人谈茶道的三个境界：品茶之道、品茶修道、品茶既道。南池茶舍位于山东省济宁市，是以经营花茶、陈年普洱茶、仿汝窑茶器养生餐为主的茶文化会所，是大石代设计咨询有限公司"文化传承系列"专题的项目之一。"南池"取自诗人李郢"日出两杆鱼正食，一家欢笑在南池"一句，描写了一家人在南池钓鱼的欢悦场面。

B 环境风格 Creativity & Aesthetics

南池茶舍力图表现茶与禅的一种微妙关系。在普通概念的硬装部分，对应禅宗"简而廉"的精神，主材部分灰色仿古砖和白色乳胶漆为主要材料，浅色榆木的改良明式家具，深榆木格栅的应用，以及茶席的茶器，花器小型化，同样是想强调这种感觉。

C 空间布局 Space Planning

空间布局上，几间茶室错落分布，功能和布局上体现"三晋"的设计主线。一层的普通品鉴展卖区为一晋，二层南半边的五间茶室区为二晋，二层北半区的茶友"沙龙"及VIP茶餐综合空间为三晋。三个区域在功能上既有递进的关系，又使空间节奏明晰，在经营上对应了不同消费群体的需求。

D 设计选材 Materials & Cost Effectiveness

在后期配饰部分，小型绿植盆景和茶器、花器的组合，力求营造"清静淡雅"的氛围。

E 使用效果 Fidelity to Client

择一闲日，二三茶友聚一室，深秋的暖阳透过木格栅洒落在灰色瓷砖上，浅榆木茶桌上的绿植花蕾被照得闪闪发光，尘埃在光束间飘来飘去，耳边回响着古琴的旋律，时间仿佛静止，走出茶室，不经意间看见走廊尽头金石味极浓的书法——"当下"。

项目名称_济宁南池茶舍
主案设计_程明纲
参与设计师_张迎军
项目地点_山东济宁市
项目面积_760平方米
投资金额_130万元

参评机构名/设计师名:
CROX阔合国际有限公司/
Crox International Co.,Ltd.
简介:
所获奖项:2012国际传媒奖年度精英会所大奖、2011国际传媒奖年度精英设计师大奖、2011海峡两岸室内设计奖商业空间、2011金外滩奖最佳商业空间、2011艾特奖最佳商业空间、2009Artemide台湾旗舰店荣获TID Award商业空间类大奖、2009台湾室内设计大奖 TID Award展览空间作品、2009Asia Pacific Interior Design Awards 展览空间类作品。
成功案例:2013义乌幸福里、2012 杭州一味坊会所、2011武汉畅想会所、2010上海LA LE 拉雷 红酒吧、2009 Artemide 台北旗舰概念店、2008 La Vie不设计不生活展览。

阔合
WWW.CROX.COM.TW

一味坊
YI WEI FANG

A 项目定位 Design Proposition
位于杭州吴山城隍阁与西湖山水交界。会所以关怀静化社会的角度,开发灵性,带领众生于回归内在之家的道路上,创造共同成长的开放式平台。打造中国第一个以心灵为主题的医疗会所。

B 环境风格 Creativity & Aesthetics
所以在空间中放入蜿蜒的柳安木条,巧妙界定出公共私密的区域,构成多层次的空间变化,如同如风掠过水面的涟漪。自由的曲线将人的视野由真实渐入心境,再经由内心的投影,获得动静间的自如。似水木条墙的连动性,让不同机能在弯弯曲曲间巧遇糅合,又在转角处自然形成分岭,引入新的风景。

C 空间布局 Space Planning
布局上以自由平面与弹性隔间相结合,布幔与移动镜面在有限度的空间内相互搭配,空间中综合多种区分动线的形式依序心灵课程的需要或开放或封闭,灵活应用。此外,一味坊有效地利用下沉广场的光线,衍生创造出富有光线变化的环境,空间明暗层次蔓延开来。会所内外虚实交织的动线,把广场、花园、庭院、冥想、咨询、瑜伽、打坐、太级连串成一段内心沉淀的旅程。

D 设计选材 Materials & Cost Effectiveness
运用了实木、石头、银箔光影等原生的材料,强调以"质朴"来呈现原材料应有的温度与触感。东西文化对美的不同语汇融入在设计中,形取前卫写意的风格,刻画东方神情与西方韵味。朴素的白墙、柔和的柳安木条与柚木地板,为一味坊奠定温暖的基调,银箔天花反射下,渐渐模糊了如镜花水月般的俗世。

E 使用效果 Fidelity to Client
能找到都市繁华之中的心灵净土纯属难得,那闲逸清爽的人文生活,沉思象征的心灵间,在闹中取静的一味坊就可以体现。尽量保留安静的地方,让人在此沉静、放空,静静体会入隐于思的好。

项目名称_一味坊
主案设计_林琼然
参与设计师_林盈秀、李本涛
项目地点_浙江杭州市
项目面积_360平方米
投资金额_100万元

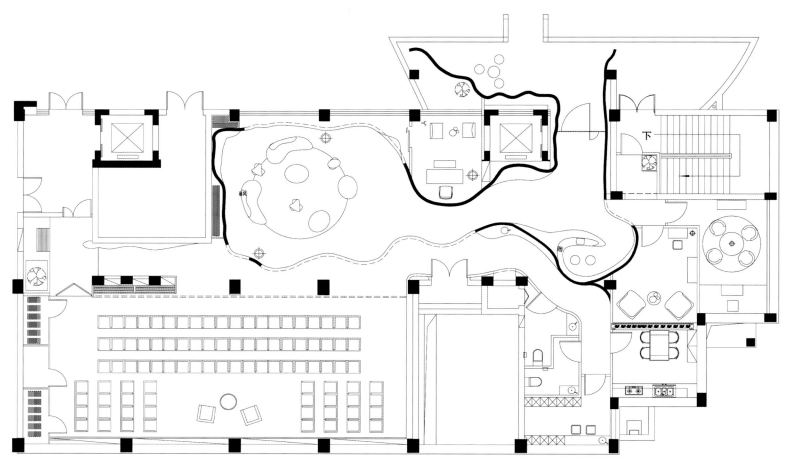

平面图

参评机构名/设计师名：
谢涛（阿森）Assen
简介：
成都著名室内设计师。CTD森图设计顾问（香港）有限公司公司创始人，成都阿森装饰工程设计有限公司总裁、总设计师，成都汇森木业创始人、总经理，藏式奢侈工艺品品牌——吐蕃贡房首席设计总监，高级室内建筑师深圳室内设计协会常务理事。

从事室内设计工作22年，始终坚持创作有特色和有文化内涵的各类功能空间作品，置身于民族文化的沃土，探索中国地域文化的国际表达，将中国传统文化的精髓融入到国际潮流视野中，以"德艺双馨"为人生准则，创新传承，立志做最中国、最民族、最平民的设计人，目前设计项目辐射中国辽宁、吉林、天津、山东、山西、陕西、安徽、湖北、浙江、福建、广东、广西、云南、西藏、贵州、甘肃、青海、新疆、四川、重庆等地。

谛梵养生会馆
DiFan Health Club

A 项目定位 Design Proposition

地处成都市旅游景点五朵金花之一的琴台路，琴台路被称为古蜀文化一条街，作品以古蜀文化元素做基础，从茶艺、休闲、药物足疗、古法香薰SPA、经络按摩多种形式经营的服务模式，树立了成都本土行业新标杆。

B 环境风格 Creativity & Aesthetics

古蜀文化至少有三个提炼特点，三星堆文明、金沙文明和三国文化，本案结合这三个文化元素特点和成都休闲之都的品质完成了本项目设计。

C 空间布局 Space Planning

本案由四个服务功能组成，茶艺棋牌区、足疗区、炕床按摩区、香薰SPA区四部分，各部分穿插流畅有序。

D 设计选材 Materials & Cost Effectiveness

实木是本案最大的特点，而且同样做到工业化定制组装。

E 使用效果 Fidelity to Client

开业才几天，客人的评价是行业NO.1。

项目名称_谛梵养生会馆
主案设计_谢涛（阿森）
项目地点_四川成都市
项目面积_2200平方米
投资金额_450万元

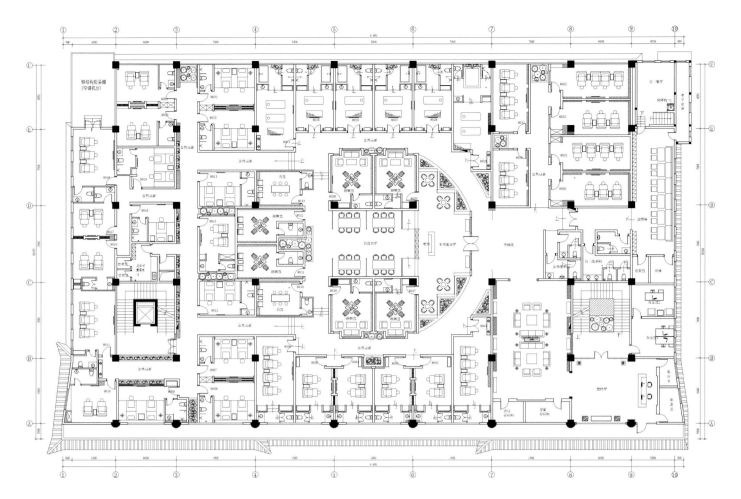

平面图

参评机构名／设计师名：
郑海涯 Joanna
简介：
郑海雁室内空间设计设计总监，ICIAD国际室内建筑师与设计师理事会会员，CIID中国建筑学会室内设计分会会员。
2011主要案例：香格里拉九龙香缇会所，和义大道 SPA Valmont温岭九龙大酒店SPA会所，

万隆花园样板房。

九龙香缇会所
Santika Club of Kowloon

A 项目定位 Design Proposition

在都市紧张而又快节奏下生活的人们，工作之余，都渴求有一个能够让他们缓解紧张和释放压力的地方，营造一个原始、传统而又充满大自然风味的休闲养生场所，成了都市人找回心理平衡的最佳诉求点。

B 环境风格 Creativity & Aesthetics

项目取材于巴厘岛，是因为巴厘岛本身是享誉全球的休闲度假圣地。 将巴厘岛特有的建筑人文特色（木屋、石材、佛像、木雕、水景等）引入室内空间，点上巴厘岛特有的香薰精油，播放着巴厘岛特有的民间音乐，使顾客从踏进大门那一刻开始便能够全方位感受到来自东南亚巴厘岛的气息，从视觉、听觉、嗅觉上达到全身心的放松。消解压力、放松心情。

C 空间布局 Space Planning

最大化利用原有空间的缺陷部分来营造氛围、兼顾公共空间与营业包厢的最合理化配比，使甲方业主的投资回报率与设计效果达到一个最佳平衡点。

D 设计选材 Materials & Cost Effectiveness

运用最普通、自然的石材、木材、墙纸、地板等材料，配以大量从巴厘岛进口的特有的沙岩壁画、布艺、草灯、石像、床榻、雕刻木门、木雕等来打造出原始、巴厘岛传统而又充满大自然风味的室内空间。

E 使用效果 Fidelity to Client

作品开始运营至今，该品牌已经成为了当地的行业标杆、龙头，深入人心，因其优雅、舒适的环境，在消费者中享有良好的口碑。

项目名称_九龙香缇会所
主案设计_郑海涯
项目地点_浙江台州市
项目面积_2300平方米
投资金额_700万元

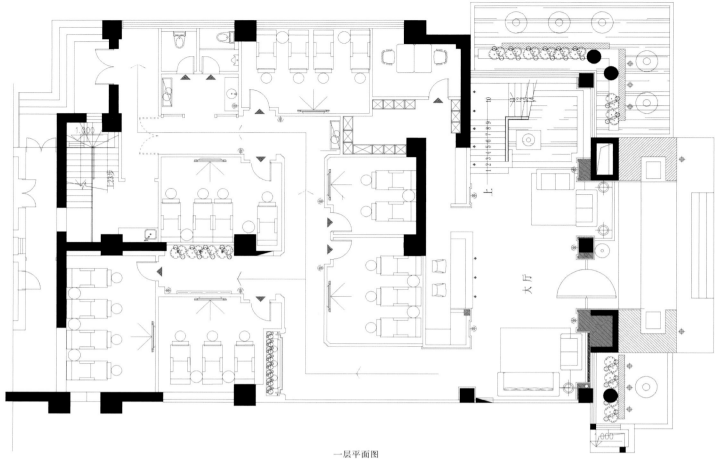

一层平面图

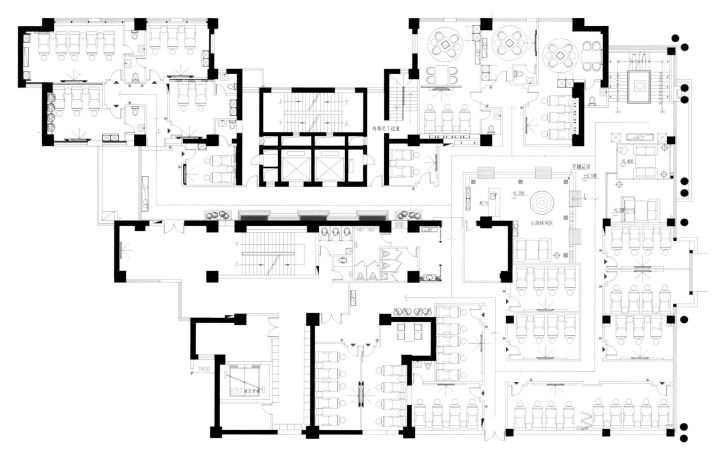

二层平面图

Office

办公空间

广州国际金融中心
Guangzhou International Financial Center

中国光大银行上海分行外滩29号办公楼
China EverBright Bank Shanghai Branch (Bund No.29 Office Building)

办公空间的光影魔术 Light and Shadow Magic of Office Space

ANNND共和办公室 ANNND's Office

万科广场二期办公室 VANKE Plaza Office PhaseⅡ

源代码 Source Code

深圳保发大厦劳伦斯珠宝写字楼 The Office of LJ International INC

中建东北局 North East China Regional HQ of CSCEC

善水堂 OFFICE Sense Town Office

周子服饰办公大楼 CMG case - BabyMary Clothing Office Building

张奇峰室内设计工作室 Feng's Interior Design Office

211矩阵设计 211 Matrix Design

破土新生 -JZ NEW OFFICE REBORN - JZ New Office

上海经纬700 Shanghai Jingwei 700

王评设计公司办公楼 WANGPING DESIGN CO.LTD.OFFICE BUILDING

赫美拉（香港）国际美学集团办公室 HEMERA (HK) Intl. Aesthetics Group Office

浮尘设计工作室 Fuchen Design Studio

深圳中海投资管理有限公司 China Overseas Investment Company Office Building

堂术设计办公室 TUNGSHU Design Office

红鸟（天津）通用航空有限公司 Red Bird(Tianjin) General Aviation Co.,Ltd.

参评机构名/设计师名：
广州市城市组设计有限公司/
CityGroup Design Co., LTD
简介：
CityGroup 城市组由一批具有国际理念的设计师精英于1999年在中国广州创立，是中国较早以系统管理的专业室内设计团队。现有员工超120人规模。业务涉及公共建筑类、总部办公类、酒店设计类、商业娱乐类、住宅地产类、品牌连锁类等。为客户提供室内设计、建筑方案、景观设计、配饰设计、灯光设计。从概念、方案、施工图、现场跟进等全过程设计服务。

经过十余年的发展，CityGroup 城市组已具备较强的综合设计实力以及先进的系统管理，尤其在设计质量与创意方面得到了社会上大型企业及设计团队的好评。承接了2010年上海世博会中国馆、广州亚运会开幕式场馆、广州国际金融中心等重大项目的室内设计工作，取得了显著的成绩。今后CityGroup 城市组将继续坚持自己的设计理想、与时俱进，为客户的发展及自身的品牌发展继续努力。

城市組

广州国际金融中心
Guangzhou International Financial Center

A 项目定位 Design Proposition

广州国际金融中心项目具备超前性，代表着城市的收展。

B 环境风格 Creativity & Aesthetics

在此城市组以"越·迪化"的理念来诠释项目的内涵。

C 空间布局 Space Planning

在建筑空间的设计上，城市组通过科学的手段实现一个人与人、人与建筑互动的空间媒介。

D 设计选材 Materials & Cost Effectiveness

新颖。

E 使用效果 Fidelity to Client

很好。

项目名称_广州国际金融中心
主案设计_潘向东
项目地点_广东广州市
项目面积_120000平方米
投资金额_20000万元

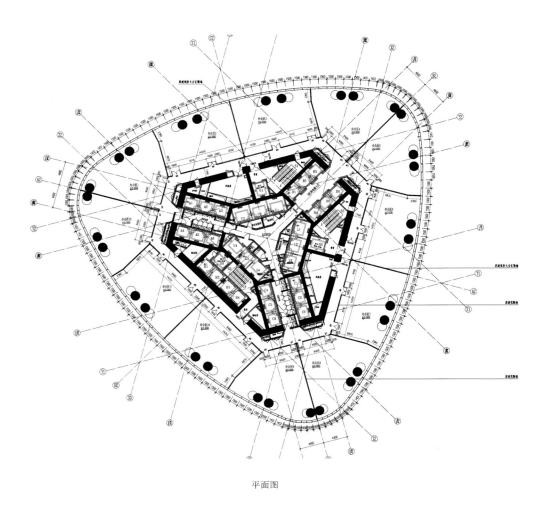

平面图

参评机构名/设计师名：
上海现代建筑装饰环境设计研究院有限公司/
Shanghai Xiandai Architectural Design
Research Institute Co. Ltd
简介：
上海现代建筑装饰环境设计研究院有限公司是
上海首家将环境设计冠于名前从事室内外环境
设计的专业化企业，公司以室内装饰设计、

环境景观设计、建筑与建筑改建设计为三大
主业，形成的"延伸服务"包括：图文渲染
设计、环境艺术设计(含软装饰设计及雕塑设
计)、标识设计、机电设计、装饰施工管理、
技术经济概算以及艺术灯光设计等"一体化"
专业服务。
公司坚持"以设计为先导，创意为竞争力，设
计成就和谐"为经营战略，力求以社会与市场

需求为己任，不断增强经营和设计的创新意识、责任意识、服务意
识，按照"诚信服务，团结进取，锐意创新，追求卓越"的16字方针
统领企业运营全过程，并将进一步聚集人才、强化服务、树立品牌，
不断开拓国内外两大设计市场，竭诚为广大客户提供原创、新颖、优
质的高品位设计与人性化服务！创意成就梦想，设计成就和谐！

中国光大银行上海分行外滩29号办公楼
China EverBright Bank Shanghai Branch (Bund No.29 Office Building)

A 项目定位 Design Proposition
中山东一路29号楼，曾名"东方大楼"或"汇理大楼"，1911-1914年建成，通和洋行（Atkinson &
Dallas）设计，华商协盛营造厂施工，原为法国东方汇理银行办公楼，现为中国光大银行办公楼。

B 环境风格 Creativity & Aesthetics
大楼1989年被列为上海市第一批优秀历史建筑，并作为外滩建筑群的一份子于1996年11月被公布为全国
重点文物保护单位。建筑及室内在其装饰风格上都带有明显的法国巴洛克艺术表现手法。

C 空间布局 Space Planning
大楼立面正中有两根贯通2、3层的爱奥尼克柱式抛光青岛花岗石圆柱，窗户中间和两侧装饰了多根塔司
干式方形和圆形壁柱，有强烈的装饰作用；主立面中的第二层窗户运用帕拉蒂奥组合，并按巴洛克风格，
作凸出墙面的处理；2层窗楣、阳台和顶部檐口处理均带有法国情调的巴洛克风格；外墙用工整的石块贴
面并勾勒水平线条，显得匀称、典雅。1层营业大厅入口内外两侧饰有精美的巴洛克断檐山花柚木门套，
大厅内有爱奥尼克式大理石柱廊和玻璃拱顶。室内木装修十分精致，窗套和壁炉，线条花饰十分工整。

D 设计选材 Materials & Cost Effectiveness
主入口开间略大于其他4个开间，并在出入口处加强视觉处理，用两根抛光青岛花岗石塔司干式柱子支撑
额坊、檐壁和半圆形的拱壁，拱壁做成壁龛式，以衬托坐落在额坊上的巴洛克风格特有的波浪卷涡状山
花。

E 使用效果 Fidelity to Client
其曲线流畅，比例匀称，是上海近代建筑中巴洛克建筑装饰的精品。

项目名称_中国光大银行上海分行外滩29号办公楼
主案设计_卢铭
参与设计师_吉江峰、任意立
项目地点_上海
项目面积_4925平方米
投资金额_3000万元

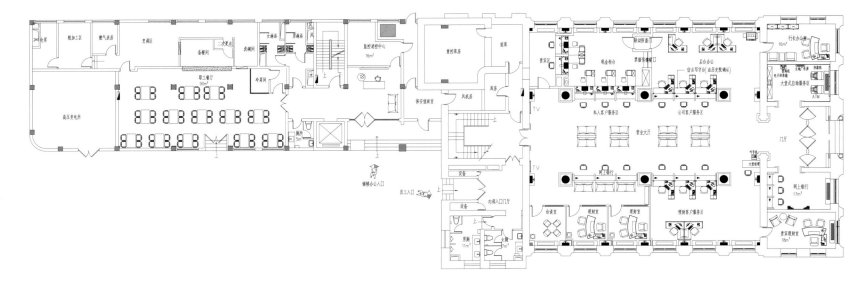

一层平面图

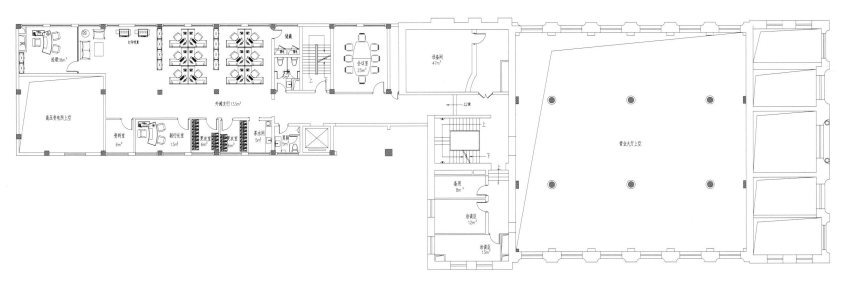

二层平面图

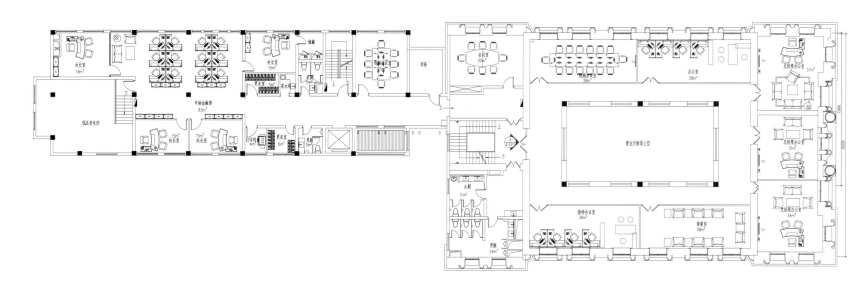

三层平面图

参评机构名/设计师名：
李川道 Donny

简介：
2011年度Idea-Tops国际空间设计大奖，艾特奖2010金指环，ic@ward金球室内设计大奖赛获最高级别奖项金奖，2010 IAI AWARDS亚太室内设计双年大奖赛杰出设计新人奖，2010 IAI AWARDS亚太室内设计双年大奖赛

优秀餐饮空间设计大奖，金堂奖2010 China-Designer中国室内设计大赛优秀空间设计大奖，2010中国国际空间环境艺术设计大奖赛筑巢奖优秀工程类设计奖，2010照明周刊杯中国照明应用设计大赛工程类二等奖，作品入选《2010年亚太室内双年展》、《2011年金堂奖年度优秀作品集》、作品刊登在《玩味食尚》、《时代空间》、《现代装饰》、《瑞丽家居》、《id+c室内设计与装修》、《中国顶级室内设计》。 提倡"拒绝复制，创意无限，每件作品都应具有本身的设计独特性"名扬业内外；提出"以发散思维审视设计、以个性思维定位设计"的设计观赢得广大同行的认可与支持。

办公空间的光影魔术
Light and Shadow Magic of Office Space

A 项目定位 Design Proposition
在可以满足其功能的情况下超越功能本身，充分发挥想象把视觉和感官完美结合，让置身其中的人浑然忘我。

B 环境风格 Creativity & Aesthetics
以对其办公空间的改造为例，坚持以人为本的价值核心，光影呈现出教科书般的魔幻效果。

C 空间布局 Space Planning
充分运用镜面的映射效果，将空间得以复制，镜面的设置和材料的搭配使得空间的层次感更加丰富，制造出新奇的视觉感受。

D 设计选材 Materials & Cost Effectiveness
多功能室里桌椅、立柜、墙面皆采用天然材料。素材的原色木材线条简洁，加上浅灰色的地毯，这个制造创意的办公室带给人舒适柔软的感觉。

E 使用效果 Fidelity to Client
在现代化的装饰手法背后，整个办公空间弥漫着浓厚的人文气息。

项目名称_办公空间的光影魔术
主案设计_李川道
参与设计师_陈立惠、郑新峰、梁锦华、张海萍、杨英
项目地点_福建福州市
项目面积_300平方米
投资金额_120万元

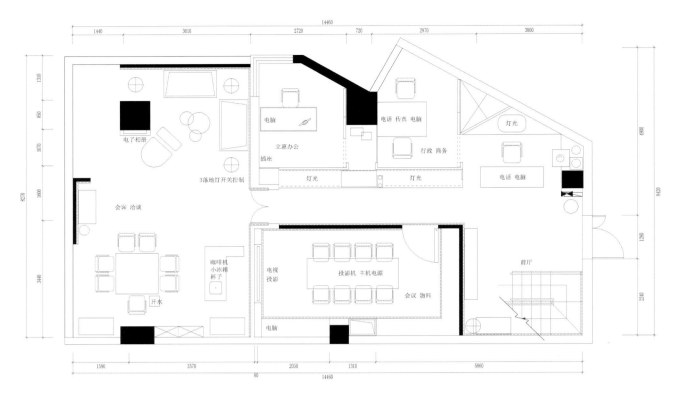

一层平面图

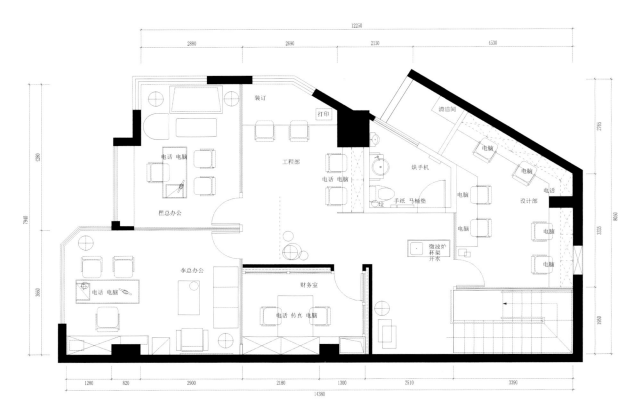

二层平面图

参评机构名/设计师名：
屈慧颖 Qu Huiying
简介：
重庆旋木室内设计有限公司设计总监，
注册高级室内建筑师，
CIID中国建筑学会室内设计分会第十九专委会
理事，
CIID中国建筑学会室内设计分会会员，

IAI亚太建筑师与室内设计师联盟理事会员，
中国室内装饰协会会员，
四川美术学院特聘讲师。
所获奖项：
2013年CIID第二届中国陈设艺术作品邀请展
"最佳视觉效果奖"，2012年金堂奖·2012
China-Designer 中国室内设计年度评选"年
度十佳购物空间"，2012年北京设计周双年

展优秀奖，2011年中国（上海）国际
建筑及室内设计节"金外滩"奖"最
佳餐厨空间"优秀奖，2011年"金堂
奖·2011 China-Designer中国室内设计
年度评选餐厨空间优秀奖"。

ANNND共和办公室
ANNND's Office

A 项目定位 Design Proposition
ANNND共和是一个由跨界团队组成的品牌整合管理资源平台。所以，在设计之初，我们就决定从VI视觉
形象系统提炼最能体现共和团队气质内涵的元素和概念，在空间设计中有效贯穿，让共和团队从VI到立体
空间到团队属性能整体而富有感染力。

B 环境风格 Creativity & Aesthetics
VI与空间如果不能无缝连接，而成为两个独立的体系，就不能达到立体而统一的视觉识别性，无法体现共
和团队特有的文化属性。我们本次设计中最有力度的传达是让VI与空间进行了无缝连接，使所有视觉信息
形成包围圈，让受众无论接触到抽象的平面还是具象的立体空间，都穿梭于一个形象整体而富有感染力的
环境当中，在不同的维度、不同的位置都听到属于共和的同一的声音。

C 空间布局 Space Planning
作品在空间布局上的设计创新点小空间的设计，赋予同一空间不同的可能是关键，在本次设计中，对空间
的利用和再利用成为可能，酒吧、会议、培训和休闲空间的整合设计是亮点。

D 设计选材 Materials & Cost Effectiveness
在设计选材上力求质朴、经济和环保，乳胶漆、水泥、玻璃是我们大面积使用的材料，我们希望用平凡的
材料创造出不平庸的效果。

E 使用效果 Fidelity to Client
受众无论接触到共和团队的抽象平面还是具象立体空间，都穿梭于一个形象整体而富有感染力的环境中。

项目名称_ANNND共和办公室
主案设计_屈慧颖
参与设计师_冉旭
项目地点_重庆
项目面积_280平方米
投资金额_30万元

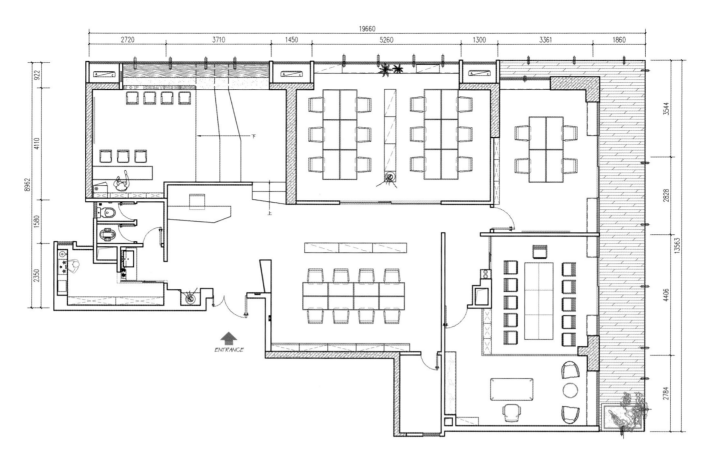

一层平面图

参评机构名／设计师名：
本则创意（柏舍励创专属机构）/BASIC
简介：
获第五届（2012）羊城精英设计新势力"年度精英设计团队"、第十五届中国室内设计大奖赛"2012年度最佳设计企业"、2012广州国际设计周推荐设计机构。
我们对设计的理解、信仰，以及使命的推崇源

自于"本则"二字，"本"者，本质也；而"则"者，法则、规律以及原则也。对于设计，其本质在于功能，有了功能，设计便有了内涵。

归根到底，设计是为人所用，有需求才有要求，法则也就客观地与其并存，凭着这份信念，我们倡导"以质为本，以本为则"的务实作风，从实际利益出发，提供优质的设计理

念，崇尚自然，注重本质，不断创新与提升，为社会创造更多精神与物质的财富。

万科广场二期办公室
VANKE Plaza Office Phasell

A 项目定位 Design Proposition
作为客户的第一个办公类项目，处在市中心，期望以国际化的风格，稳重大气，使企业的精神文化在各个角度体现出来。

B 环境风格 Creativity & Aesthetics
以方正严谨简练的线条，表现出项目的力度感和效率感；洽谈区充满人文情感的自然气息，弥补了视觉中的刚硬冷峻；办公区尽在实用明快而流畅的格局中，陈设静雅而稳重。

C 空间布局 Space Planning
目标为金融类的企业办公空间，功能区域清晰而全面，科学的人性化，合理的空间布局，使企业的精神文化在各个角度体现出来。

D 设计选材 Materials & Cost Effectiveness
整体空间为暖色调，主要采用大理石、深色木皮和金属不锈钢玻璃，以现代的手法演绎大气的办公环境。

E 使用效果 Fidelity to Client
达到客户的预期效果，并且得到市场的接受，同时也受到同行的认可与表扬。

项目名称_万科广场二期办公室
主案设计_梁智德
项目地点_广东佛山市
项目面积_700平方米
投资金额_125万元

参评机构名/设计师名：
施旭东 Allen
简介：
唐玛（上海）国际设计首席设计师，
旭日东升设计顾问机构创办人，
国家注册高级室内建筑师IFI国际室内建筑师设计师联盟，
资深会员CIID中国建筑学会室内设计分会理事，

FJDC中国装饰协会福建设计师专委会会长，
YBC（中国）创业导师中国陈设艺术专委会理事。
所获奖项：2012年荣获AndrewMartin安德鲁·马丁）国际室内设计大奖，两项作品入选安德鲁·马丁国际室内设计大奖年鉴
蝉联两届IFI国际及CIID中国室内设计大赛金奖

2011亚洲室内设计竞赛公寓类金奖
蝉联两届China-Designer中国室内设计（金堂奖）年度十佳娱乐空间大奖、年度办公空间大奖

源代码
Source Code

A 项目定位 Design Proposition
唐玛国际办公空间组成元素与空间格局在物质与精神、活络与宁静之间进行着自由转换，中西方文化的交融也形成了独特的空间语言。创意的搭配与古朴的细节点缀吸引着人们的目光。

B 环境风格 Creativity & Aesthetics
美式、中式、现代，这三种风格的混搭让这个功能区域衍生出丰富的视觉体验，不同格调的物件让隐藏于都市人心中关于品质空间的愿景落到了实处。

C 空间布局 Space Planning
办公区域与前台区域之间通过透明玻璃来划分，既保证了局部私密性，也体现了办公空间的变化。开放式的公共办公区以黑白为主体色调，用随性的思维来丰富空间的内容。

D 设计选材 Materials & Cost Effectiveness
木格栅的形式装点，是纯粹的装饰片段，又是一种写意的情境演绎。由金刚板制成的墙面以展示收纳功能为主，格子以及光影的明暗不同，让这个墙体呈现出立体的视觉感受。平面与立面的构成在这个区域被潜移默化表达出来，阐述着当代的解构主义理念，真实、虚幻以及两者的结合。前台对面的墙面处，摆放着一个传统中式的柜体，黑色的大漆表面点缀着红色的朱砂，体现出骨子里的中国精神以当代的审美视觉表现东方的空间气质。

E 使用效果 Fidelity to Client
时而轻拂笔尖，时而顿挫有力。当人们在这走走停停的时候，视线的每一个落脚点都是值得回味的景致。

项目名称_源代码
主案设计_施旭东
参与设计师_洪斌、陈明晨、林民、王家飞、胡建国
项目地点_福建福州市
项目面积_700平方米
投资金额_80万元

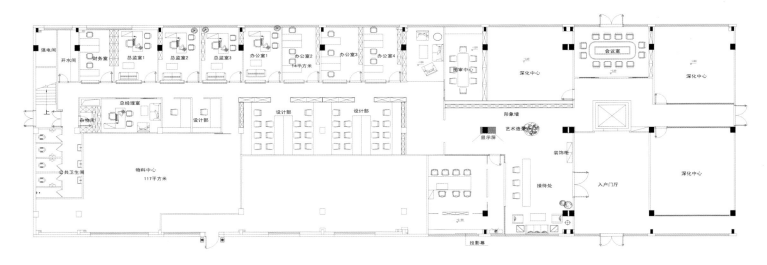

一层平面图

参评机构名/设计师名:
殷艳明 Yin Yanming

简介:
从业二十几年来一直从事国内大型项目的设计负责工作,先后访学于美国、日本、德国、意大利、法国、摩洛哥、新加坡、马来西亚、迪拜等国家和地区,所获奖项和荣誉达百余项。作品风格稳健而富于变化,擅长处理复杂而多功能的大型空间,尤其在星级酒店、会所、样板房、办公楼、大型公共建筑及室内空间装饰设计上颇有心得,出版了《设计的日与夜》个人专辑与《城市商业街灯光环境设计》。所设计的项目多次在国内一级刊物发表,多篇学术文章及设计文稿发表于"南方都市报"、"深圳特区报"、"晶报"、"商报"。

深圳保发大厦劳伦斯珠宝写字楼
The Office of LJ International INC

A 项目定位 Design Proposition
本案是劳伦斯ENZO中国区总裁及高层办公室,内部分为接待、会议、展厅及十位高层管理办公区,预设为整个企业文化的重要展示场所。设计师从城市人文地理、企业特质和需求出发,拟定了"钻石熠熠"的基本设计概念,以钻石所寓意的"尊贵、时尚、品质、恒久"作为空间设计定位。

B 环境风格 Creativity & Aesthetics
对"钻石"元素进行拆分、变化、提炼,结合现代主义装饰手法诠释空间:入口接待台的背景墙、以及地面、天花采用了不同形式的线条分割,结合局部块面体积的造型,配合光线的运用,既突出主题,又形成了纵横交错的视觉冲击力;各元素在空间内上下呼应,让整体的空间气质连贯、延伸,表现出明快的节奏对比。空间色彩以白、灰、米黄色为主,局部搭配重色,具有主体明亮、大气的特点。饰品现代、时尚,深具艺术性,主席办公区一幅由钉子诠释的"现代山水画"体现了新与旧的交流、现代与历史的碰撞。

项目名称_深圳保发大厦劳伦斯珠宝写字楼
主案设计_殷艳明
项目地点_广东深圳市
项目面积_1500平方米
投资金额_400万元

C 空间布局 Space Planning
把空间划分为开放的接待休息洽谈区、封闭的高层办公区两个部分,在每个空间之间都设置大小不一的休闲区域作为连接和过渡。这不仅形成了整体空间流线的流畅与开放,而且冲淡了工作可能带来的紧张,散发沉稳、舒缓、人文的气息。时间廊的设计给通道赋予了新的活力,同时成为企业文化的展示墙。

D 设计选材 Materials & Cost Effectiveness
设计选择以通体白色石材作背景,以寓意钻石的高雅;以指接木的自然拼接让现代与自然的理念进行了很好的衔接;以软膜在天花上的大量运用让空间明亮、开放,减少了因层高低矮造成的空间压迫感;石材、木饰面、金属、皮革等不同材质的混搭运用使空间丰富生动,彰显出设计的巧妙与魅力。

E 使用效果 Fidelity to Client
大胆夸张、时尚创新的风尚与沉稳内敛、韵致尊贵的气质并行不悖,淋漓尽致地体现了企业文化与设计思想的完美结合,业主对作品设计给出了高分评价。

一层平面布置图

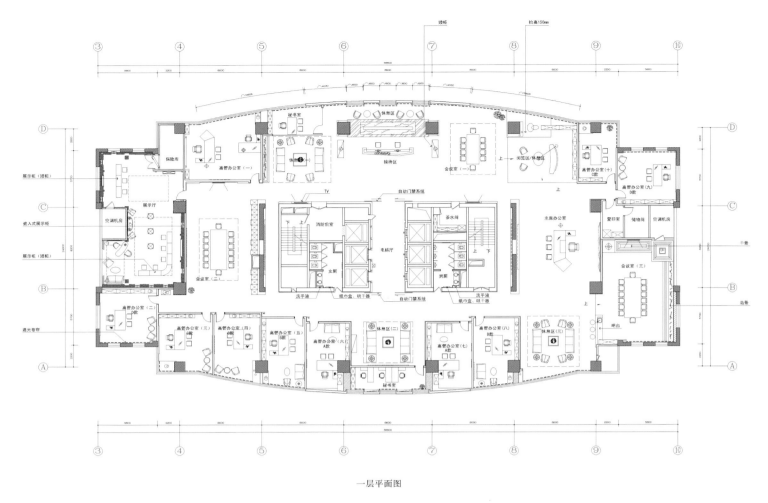

一层平面图

参评机构名/设计师名：
北京青田国际环境艺术设计有限公司/
Beijing Qingtian International Environmental
Art Design Co., Ltd.
简介：
所获奖项：2012年金堂奖十佳。
成功案例：1. 中建东北局办公大楼；2. 中国
核能工程二三所办公大楼暨国际原子能培训中

心；3. 中国五矿总部大楼；4. 天津航天城；
5. 天津移动总部办公大楼；6. 国资委办公大
楼；7. 中组部办公大楼；8. 清华同方办公楼二
期；9. 西安开源购物中心；10. 晨曦百货新天
地、双井购物中心；11. 山西太原湖滨广场；
12. 上海长征医院；13. 天津武警医院附属医
院；14. 北京禄米仓三十四号院；15. 舒园别
墅等。

中建东北局
North East China Regional HQ of CSCEC

A 项目定位 Design Proposition

运用艺术为空间定调，通过三个层次进行艺术呈现：1. 前台采用雕塑造型展现中建建设的里程碑意义的地标性建筑；2. 主要动线布置了艺术家运用最普通建筑材料（钉子、钢丝和铁丝网等）创作的艺术装置；3. 会客厅与陈列室二合一，运用陶瓷的语言制作了中建作品的模型，运用重点照明来集中展现，运用有层次的艺术设计手法令空间表现充满内涵、企业文化与精神。

B 环境风格 Creativity & Aesthetics

与传统国企与政府机构不同，在空间上强调运用了现代办公空间的设计手法，强调大气、稳重、创新与品味；突出现代办公空间的设计趋势，强调智能化、人性化、绿色环保与互动性。

C 空间布局 Space Planning

1. 会客室、陈列室二合一，将两个空间合并，并运用重点照明的光的设计来衬托艺术华的中建集团参与建设的地标性力作；使得会客的过程不再枯燥、而传统的陈列空间也不再呆板；2. 平面布局采用了"回字形"，使得现代的办公空间中产生了维合的效果，而座位的布局更为巧妙与合理。

D 设计选材 Materials & Cost Effectiveness

1. 选择飞利浦灯具与西门子控制面板；2. 办公选择很有设计感的现代家具，这在国企中可谓独树一帜。

E 使用效果 Fidelity to Client

已正式入驻使用，得到了客户的高度赞扬；尤其是艺术呈现的立意得到一致认可；甲方又追加订单，采购并订制项目中运用的空间艺术装置与艺术作品作为公司的礼品赠送客户、合作方。

项目名称_中建东北局
主案设计_艾青
参与设计师_鞠千秋、向海明、张雪琪、唐婉书、李小溪、贾淑峰
项目地点_辽宁沈阳市
项目面积_4520平方米
投资金额_2000万元

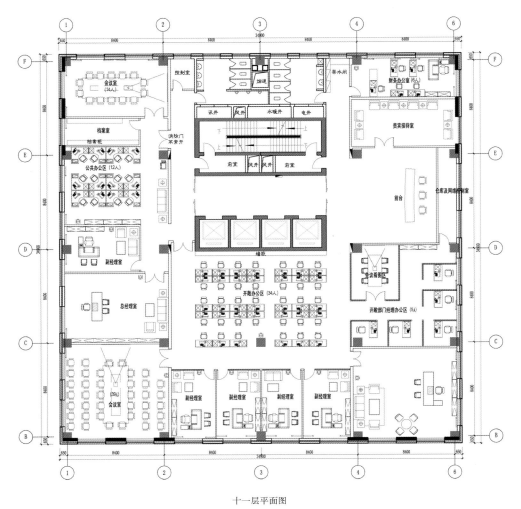

十一层平面图

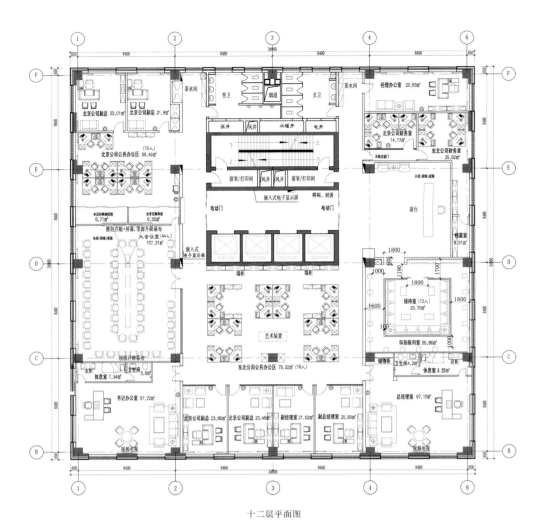

十二层平面图

参评机构名/设计师名：
朱伟 Welkin

简介：
朱伟（welkin chu），善水堂创意设计机构（Sense Town Creative Design Institution）董事，总设计师，高级室内建筑师，中国建筑设计集团--北京筑邦建筑装饰工程有限公司苏州分公司总经理，中国建筑协会室内设计分会

会员，中国室内装饰协会高级室内设计师，国际注册室内设计师协会(IRIDA)高级国际注册室内设计师，IAI亚太设计师联盟理事会员，IAI亚太设计师联盟资深室内设计师，IAU美国英特大学设计学硕士，德国包豪斯艺术学院访问学者，苏州工艺美术学会专业会员，苏州科技学院客座讲师。

近期荣誉：2012年第七届中国国际设计艺术博览会大奖2011-2012年度最具影响力设计师。2012年亚太设计师联盟先锋人物。
2010年中国国际空间环境艺术设计大赛"筑巢奖"优秀奖。2011中国国际空间环境艺术设计大赛"筑巢奖"优秀奖，2012中国国际空间环境艺术设计大赛"筑巢奖"优秀奖，2012年IAI AWARDS 2012 亚太设计双年奖年度商业空间优秀奖，2012年广州设计周金堂奖年度别墅空间、商业空间优秀奖、2013年"金创意奖"中国国际空间设计大奖十大精英设计奖、年度十佳设计奖……

善水堂OFFICE
Sense Town Office

A 项目定位 Design Proposition

陶渊明在《归去来兮辞》中，"木欣欣以向荣，泉涓涓而始流"，恰如其分地道出了本案设计之初的巧思：以水为题，以木为依，择善而为之——这就是善水堂设计的初衷和主题。以最纯粹和本质的手法，构筑经典，赋空间诗情画意，如山如水，取意于天地，回归于自然。

B 环境风格 Creativity & Aesthetics

现代风格为基调，以中式文化作为提炼，让办公环境优雅且富有诗情画意。光影交错，似时光无形手影抚过年轮，留下斑驳印记；又如潺潺流水迁回于星罗棋布的石阵之中，浑然天成之曲纹，巧夺天工。错落绿叶树影与山石水墨，返璞归真，尽显人文自然。

C 空间布局 Space Planning

空间的合理分配与空间的错落关系，利用空间的高度来划分楼层，让每层与每个角落的使用率最大化。

D 设计选材 Materials & Cost Effectiveness

木则历经风雨之飘摇，读尽寒霜酷暑，为舟载物，为柴暖人，尽显奉献之本质。在设计中巧妙将"水"的视觉语言抽象地抽离出水的实体，用不同的材质如入口的水纹木刻、地面的枯山水、斑驳墙面上的不锈钢鱼等通这些片段的视觉方式呈现出水的形态，凝固在空间里，挥洒出水的意象。

E 使用效果 Fidelity to Client

步入其中，其自然与优雅跃然眼前，这已成为该园区的代表性的文化创意企业，得到了各界人士的赞赏，这正是公司企业文化"上善若水，厚德载物"的真实写照。

项目名称_善水堂OFFICE
主案设计_朱伟
参与设计师_黄伟虎
项目地点_江苏苏州市
项目面积_450平方米
投资金额_60万元

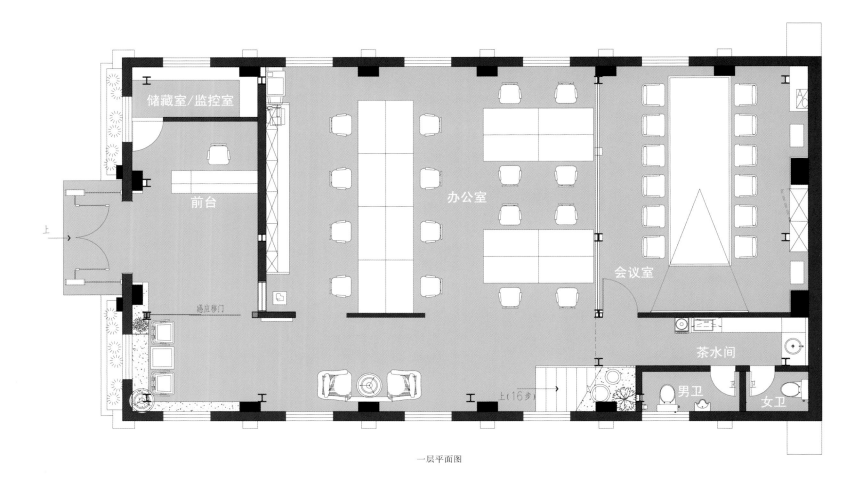

一层平面图

储藏室/监控室

前台

感应移门

办公室

会议室

茶水间

上(16步)

男卫

女卫

上

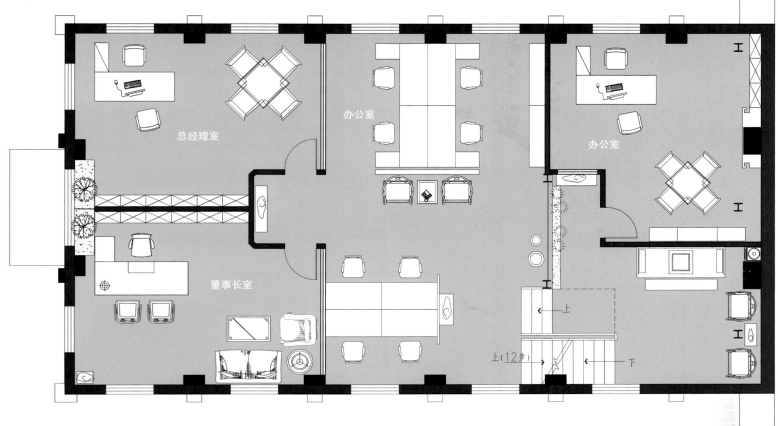

总经理室

办公室

办公室

董事长室

上(12步) 上 下

二层平面图

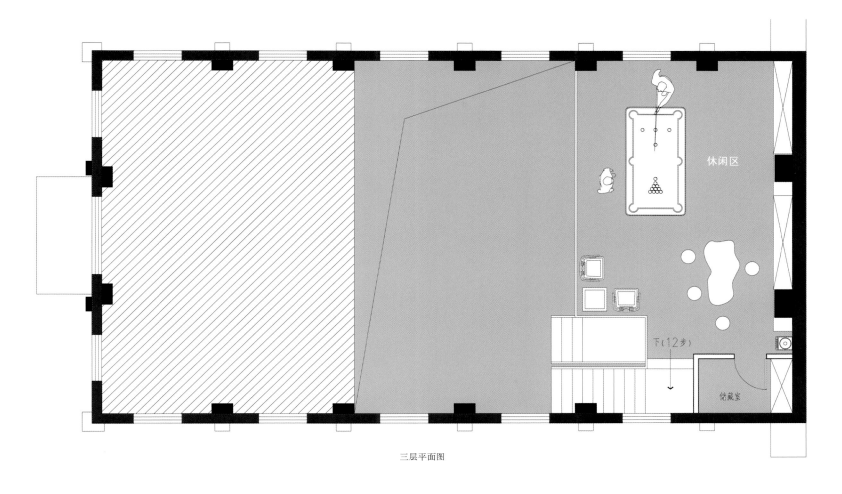

三层平面图

参评机构名/设计师名:
广州康联装饰设计有限公司/
Health Union Decoration & Design
简介:
"广州康联装饰设计有限公司"简称HUD
(Health Union Decoration & Design),
"康联装饰"创办于2000年,专业从事高端商
业办公环境策划的广州装修公司,专注于高端

办公室装修、写字楼装修装饰12多年,服务过
上千家知名的大中型企业,赢得了客户的一致
好评。

HUD 康联装饰
高端办公室装修领导者

周子服饰办公大楼
CMG case - BabyMary Clothing Office Building

A 项目定位 Design Proposition
异样的空间环境能打破相对城市形态的一致性,给到眼前一亮的色彩景观!

B 环境风格 Creativity & Aesthetics
简约与繁琐的碰撞,摩登与复古的交流,让空间风格呈现异样格调!

C 空间布局 Space Planning
异型的空间布局,及隔层的凸出和小屋顶的设计,使整个空间新颖,印象深刻!

D 设计选材 Materials & Cost Effectiveness
采用很普通的设计材料,重点用空间来展示办公环境的特异性!

E 使用效果 Fidelity to Client
对公司提升品牌起到了良好的效果,与公司的产品格调相一致,加强了公司品牌的提升!

项目名称_周子服饰办公大楼
主案设计_叶标星
参与设计师_危磊
项目地点_广东广州市
项目面积_1500平方米
投资金额_110万元

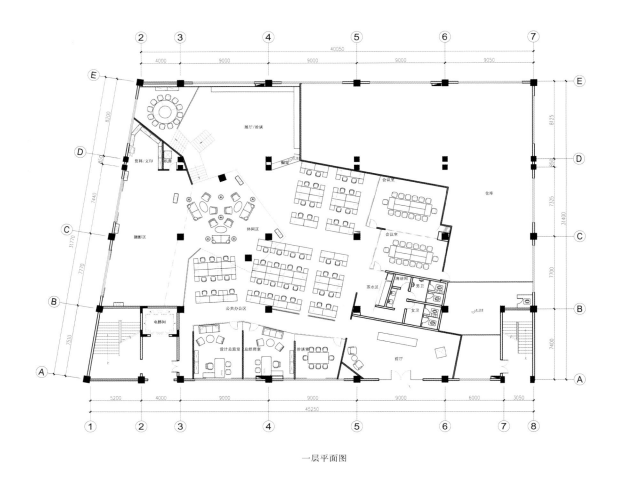

一层平面图

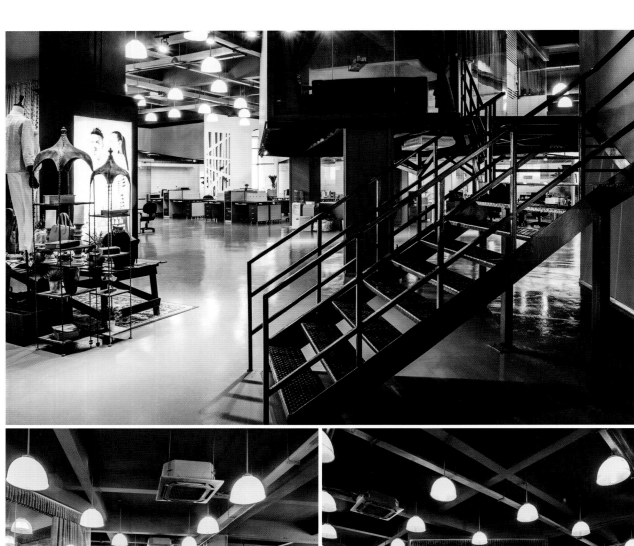

希 腊 COCO-MAT 南京展厅
Greece COCO-MAT
Exhibition Hall (Nanjing)

慕 思歌蒂娅品牌总部形象标准店
DERUCCI GLODIA STORE

禅 空间-林子法藏古玩展示店
Zen Space-LinZiFaCang Antique Showroom

宽 庐正岩茶旗舰店
Wide House Bohea Tea Store

深 圳星河时代 COCO Park
Galaxy Time COCO Park Shenzhen

珍 妮坊时装-滨南店
ZhenNiFang Clothing (Bin Nan)

轨 迹
Tracks

上 海 SOTTO SOTTO 奢侈品店
SOTTO SOTTO CLUB

绍 兴 酒 专 卖 店
Shaoxing Wine Store

VISINA 服 装 旗 舰 店
VISINA Flagship Store

意 希欧服饰办公及展厅
CCEWOT Office and Showroom

深 圳宝能 all city 购物中心
All City ShenZhen

创 世 方 舟
Neo West

成 都中宝宝马 4S 店
Chengdu BMW 4S Store

多 少家具上海 M50 本店设计
More&less Furniture
Shanghai M50 Store

西 安大唐西市丝路风情街
Tang West Market Silk Road Style Street

宝 丽莲华个人 CI 定制中心
PURE LOTUS

天 宏 酒 庄
Tianhong Winery

齐 柏 林 展 厅
ZYMBIOZ Hall

国 誉家具商贸上海旗舰店
KOKUYO Furniture
Shanghai Flagship Showroom

参评机构名/设计师名：
沈烤华 Shen Kaohua
简介：
2003年度第四届江苏省室内设计大奖赛金奖，2011年度南京十大新锐室内设计师，2012年度全国室内设计评选金堂奖别墅类优秀作品奖。

希腊COCO-MAT南京展厅
Greece COCO-MAT Exhibition Hall(Nanjing)

A 项目定位 Design Proposition

整体的设计策划理念，市场定位高端。设计师以环保为核心，造型上没有过多的浮夸和豪奢，相反简洁有度，大气内敛。

B 环境风格 Creativity & Aesthetics

在外立面设计上，设计师运用了硅藻泥天然材料与其产品环保相配套，墙面简单的欧式造型及铜色壁灯从另一个侧面彰显出其产品来源于欧洲的身份。墙面上浅色的产品喷绘图片，地面青草绿的地毯及自然木色的地板，一切是如此的和谐。尤为特别的是顶面，在细节的元素中突出了主题，品质化的纯铜射灯突出了整个氛围的高贵，也改变了安装常规欧式大灯的手法。

C 空间布局 Space Planning

此展厅面积不大，敞开式的空间更为舒适、开阔。

D 设计选材 Materials & Cost Effectiveness

硬装上设计师运用了硅藻泥、亚光地板、纯色墙纸。软装方面设计师利用了仿真鸟、仿真树、鸟窝、天然松果、鹅卵石、掏空的绿培，使整个空间充满活力和生机。

E 使用效果 Fidelity to Client

此案例区别于常规展厅装修材料泛滥运用现象，引起同行业中不同凡响，是个比较成功的案例。

项目名称_希腊COCO-MAT南京展厅
主案设计_沈烤华
参与设计师_潘虹、崔巍
项目地点_江苏南京市
项目面积_150平方米
投资金额_15万元

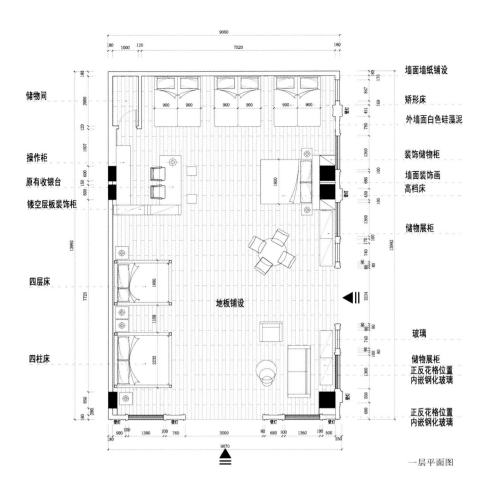

储物间

操作柜

原有收银台

镂空层板装饰柜

四层床

四柱床

墙面墙纸铺设

矫形床

外墙面白色硅藻泥

装饰储物柜

墙面装饰画

高档床

储物展柜

地板铺设

玻璃

储物展柜

正反花格位置
内嵌钢化玻璃

正反花格位置
内嵌钢化玻璃

一层平面图

参评机构名/设计师名：
陈飞杰香港设计事务所/
ROCKY DESIGN (HK) LTD
简介：
飞杰室内装饰设计（深圳）有限公司是陈飞杰香港设计事务所于中国注册的分公司，多年来致力于设计工作，创新设计理念。飞杰集合了一群具备建筑与室内设计天分及独特视野的设

计师。每个项目以了解客户需求为本，运用即定空间、发挥空间特征、构想完美概念、创造不同风格、亦古亦今，考虑周详。让每一位客户可以欣悦地把项目交付于飞杰。
2011年与合伙人ERIC LAI共同组建国际化专业建筑师团队，团队成员均来自美国、加拿大、中国香港、中国台湾。
公司服务范围包括：地块规划、建筑设计、城

市综合体、会所、商业空间、连锁品牌展厅、高级别墅及样板房、高端办公空间等。飞杰设计理解并注重设计艺术与商业的完美结合，在极致体现设计美感的同时充分体现商业价值，通过与客户的良好沟通与合作，实现设计的价值。

陈飞傑設計香港事務所
Rocky Design HK Associates

慕思歌蒂娅品牌总部形象标准店
Derucci Glodia Store

A 项目定位 Design Proposition
提供了一种新型的卖场销售模式；给专卖店的销售服务提升创造了一种可能；形象店的产品档次得到了提升，产品销量明显增加。

B 环境风格 Creativity & Aesthetics
创造出更为适宜的体验式及休息洽谈的销售环境，对产品的销售起到了极大地促进作用。

C 空间布局 Space Planning
空间形式上改变了目前市场上以大空间、大卖场形式展现的商业卖场形式，将展示空间进行区隔，利用围合的小空间增强私密性，为每一个空间打造独立个性主题；以更为贴合人性需求的层级递进的崭新商业流程模式呈现。

D 设计选材 Materials & Cost Effectiveness
设计选材上倡导节能环保，设计采用工厂统一定制标准化的构件，进行拼接装配式施工，缩短施工周期，减少环境污染，使时间效率大大提高；灵活的空间重组，卖场的拆装可以达到90%的材料重复利用；给展厅的可复制性提供了必要而充足的条件，可以轻松地控制各经销商展厅品质的一致性；灯光系统采用不同的场景模式提供功能性照明与环境氛围照明，并且可以在无人情况下提供一键式场景切换，可以暂时关闭氛围照明，减少耗能，这种方便的操控带来操作的可能性，达到节省耗能的目的。

E 使用效果 Fidelity to Client
形象店的打造得到经销商的认可并在全国经销商范围内迅速地铺开，并吸引了大批新的经销商加盟；成功地令"慕思·歌蒂娅"品牌旗舰店"破茧重生，化茧为蝶"，树立了业内睡眠"新"体验——"心"体验——"馨"体验的标杆式销售行业模式。

项目名称_慕思歌蒂娅品牌总部形象标准店
主案设计_陈飞杰
参与设计师_夏春卉
项目地点_广东东莞市
项目面积_230平方米
投资金额_60万元

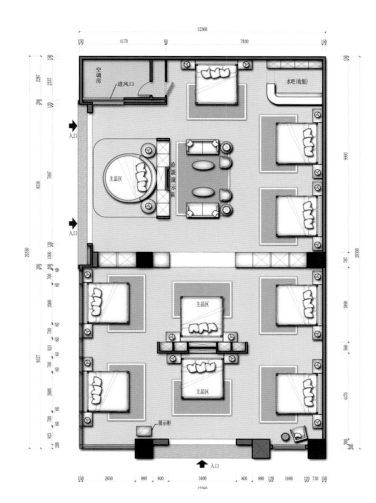

一层平面图

SWEET DREAMS

参评机构名／设计师名：
谢涛（阿森）Assen
简介：
成都著名室内设计师CTD森图设计顾问（香港）有限公司公司创始人成都阿森装饰工程设计有限公司总裁、总设计师成都汇森木业创始人、总经理藏式奢侈工艺品品牌——吐蕃贡房首席设计总监高级室内建筑师深圳室内设计协

会常务理事从事室内设计工作22年，始终坚持创作有特色和有文化内涵的各类功能空间作品，置身于民族文化的沃土，探索中国地域文化的国际表达，将中国传统文化的精髓融入到国际潮流视野中，以"德艺双馨"为人生准则，创新传承，立志做最中国、最民族、最平民的设计人，目前设计项目辐射中国辽宁、吉林、天津、山东、山西、陕西、安徽、湖北、浙江、福建、广东、广西、云南、西藏、贵州、甘肃、青海、新疆、四川、重庆等地。

禅空间–林子法藏古玩展示店
Zen Space-LinZiFaCang Antique Showroom

A 项目定位 Design Proposition

这是一个专业经营藏传佛教唐卡和佛像的古玩店，店内展品全部是来自藏区的老货，有老百姓民间私藏的，也有国外回流的，展品品种繁多，令人眼花缭乱。

B 环境风格 Creativity & Aesthetics

极简主义风格，没有过多的任何装饰，实木天花和墙体，重点在布置和光环境设计上做足了功课，全系LED光源配置。

C 空间布局 Space Planning

建筑易学风水排盘的方式进行错落有致的矩阵布置。

D 设计选材 Materials & Cost Effectiveness

跟前面的案例一样，本案也是通过设计师自己工厂加工的组装件完成施工的。

E 使用效果 Fidelity to Client

据说李连杰等明星已经到过店里进行交流，成为成都草堂古玩城的一道风景线。

项目名称_禅空间-林子法藏古玩展示店
主案设计_谢涛（阿森）
项目地点_四川成都市
项目面积_100平方米
投资金额_35万元

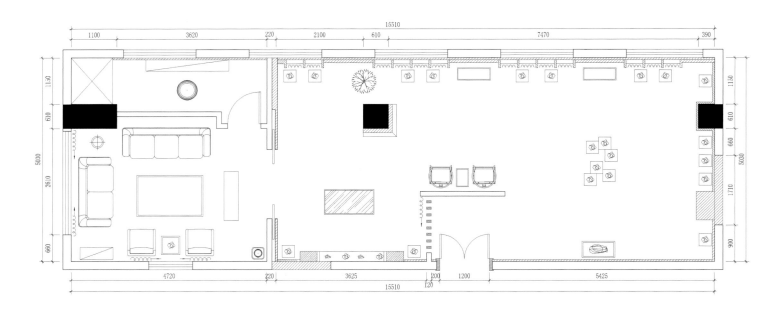

一层平面图

参评机构名／设计师名：
林小真 Joyce
简介：
意大利米兰理工大学室内设计管理硕士学位，
亚太设计师与室内设计师联盟厦门分会会员，
国际室内建筑及设计师理事会会员。

宽庐正岩茶旗舰店
Wide House Bohea Tea Store

A 项目定位 Design Proposition

灵感源于武夷山水帘洞，洞石中的一泉涓滴、汇于池中的一泽涟漪、随波的一抹浮萍、静卧的一把古筝，高山流水无不给人沐浴自然的轻松和随遇而安的坦然，描绘出静中有动，动中有静的空间意境，散发出淡淡的禅意和浓浓的文化底蕴。

B 环境风格 Creativity & Aesthetics

武夷山水帘洞的美景与品茶讲究的意境美相得益彰，通过"转化"的手法，用石头代表高山，用水池代表潭水，把水濂洞移步室内。再加上一架古琴，又营造了"高山流水觅知音"的意境，传达了千年茶文化以茶会友的思想精髓。最后再结合闽南古老的四合院里的天井结构，融入了本地的建筑元素。整个空间场景不是生硬的模拟，也不是简单的返古，而是用现代的眼光、艺术化的手法去诠释。

C 空间布局 Space Planning

空间分为上下两层，一层为茶叶销售区、茶文化区、茶窖及办公区空间，二层闻香室、茶饮包厢空间，通过中庭挑空高山流水连接，形式上为拆解两空间的手法，本质上都是连为一体。

D 设计选材 Materials & Cost Effectiveness

大面积白色肌理漆墙面、木作采用本色橡木、铁绣钢构简洁线条，整体上给人以自然、朴实的空间画面感；实木栅格使内外空间相互渗透，从家具的设计到室内的陈设，都力求简约明快又不失大气殷实，呈现出温馨、典雅、舒适、厚重的空间效果。

E 使用效果 Fidelity to Client

在氤氲的香氛里，品一杯好茶，听着悠扬的琴声，感受当下的闲情逸致，给人沐浴自然的轻松和随遇而安的坦然，散发出淡淡的禅意和浓浓的文化底蕴。

项目名称_宽庐正岩茶旗舰店
主案设计_林小真
参与设计师_蔡斌、朱冬群
项目地点_福建泉州市
项目面积_1150平方米
投资金额_150万元

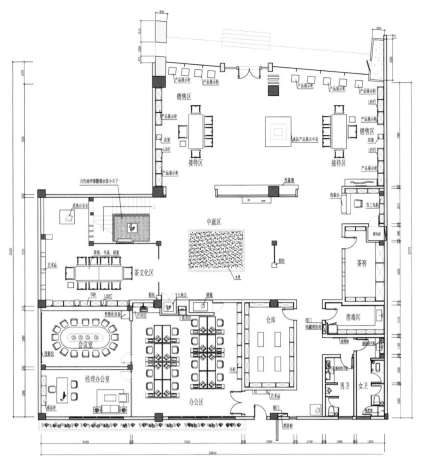

一层平面图

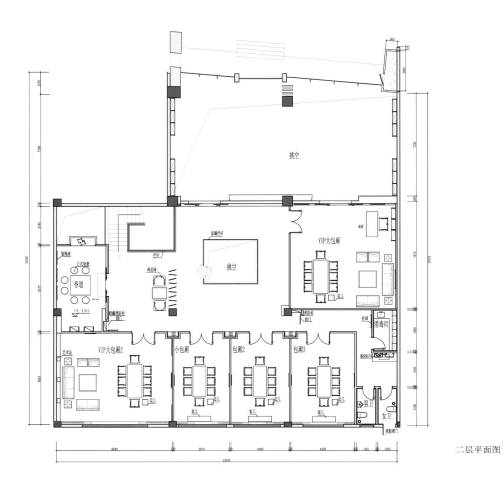

二层平面图

参评机构名／设计师名：
深圳姜峰室内设计有限公司/
Jiang & Associates Interior Design CO.,LTD
简介：
深圳市姜峰室内设计有限公司，简称J&A姜峰设计公司，是由荣获国务院特殊津贴专家、教授级高级建筑师姜峰及其合伙人于1999年共同创立。目前J&A下属有J&A室内设计（深圳）公司、J&A室内设计（上海）公司、J&A室内设计（北京）公司、J&A室内设计（大连）公司、J&A酒店设计顾问公司、J&A商业设计顾问公司、BPS机电顾问公司。现有来自不同文化和学术背景的设计人员三百五十余名，是中国规模最大、综合实力最强的室内设计公司之一。J&A是早期拥有国家甲级设计资质的专业设计公司，其率先获得ISO9000质量体系认证，是深圳市重点文化企业。因其在设计行业的突出成就，连续六年七次荣获"年度最具影响力设计团队奖"的殊荣，并在国内外屡获大奖，得到了中国建筑装饰领域高度的认同和赞扬。J&A一直致力于为中国城市化发展提供从建筑环境设计到室内空间设计的全程化、一体化和专业化的解决方案。追求作品在功能、技术和艺术上的完美结合，注重作品带给客户的价值感和增值效应，通过与客户的良好合作，最终实现公司价值。

深圳星河时代COCO Park
Galaxy Time COCO Park Shenzhen

A 项目定位 Design Proposition
星河时代COCOPARK位于深圳市龙岗中心城南端，其定位为引领一站式家庭休闲购物新风尚的大型商业综合体，立意"亲情体验、消费时尚"，以时尚购物、休闲娱乐、国际餐饮为主的区域型购物中心。

B 环境风格 Creativity & Aesthetics
热烈欢快的空间氛围能够极大地吸引购物者的好奇心理，引起他们的强烈共鸣，并为购物者提供有趣的购物体验。

C 空间布局 Space Planning
COCOPARK以"自然、休闲"为特色，以"卵石、流水"为造型元素，打造具有鲜明特色的主题空间，并将中庭分为"树木（木）、流水（水）、阳光（光）"三个主题区，增强空间的辨识性，丰富空间效果，将COCOPARK打造成为深圳独具特色的大型商业中心，为消费者提供一个全新的生活与体验空间。

D 设计选材 Materials & Cost Effectiveness
地材设计中以自然、流动的深、浅地材贯穿整个商场，在客流密集的重点区域嵌入"卵石"拼花，增加人流的引导性，同时天花设计形式与地面相呼应，使商场设计整体而又特色鲜明。

E 使用效果 Fidelity to Client
作为龙岗区首家大型综合型购物中心，项目集合奢华购物、休闲、娱乐、餐饮、运动、商务、教育、亲子等八大功能于一体，带来城市生活新主张！

项目名称_深圳星河时代COCO Park
主案设计_姜峰
参与设计师_刘炜
项目地点_广东深圳市
项目面积_180000平方米
投资金额_100000万元

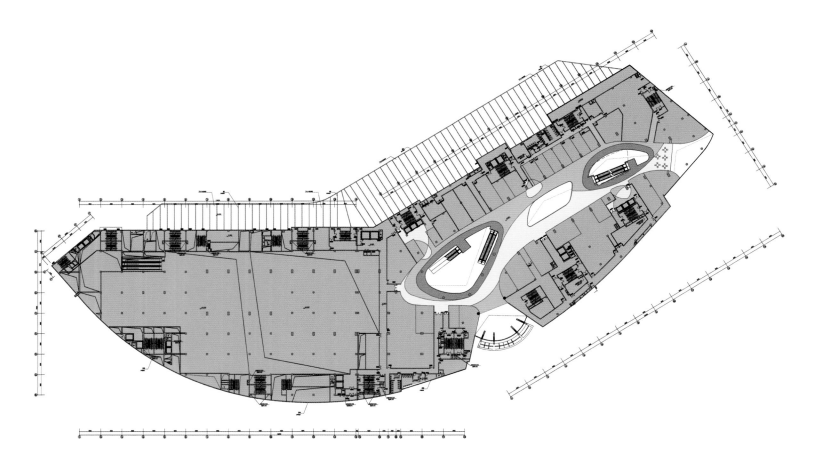

二层平面图

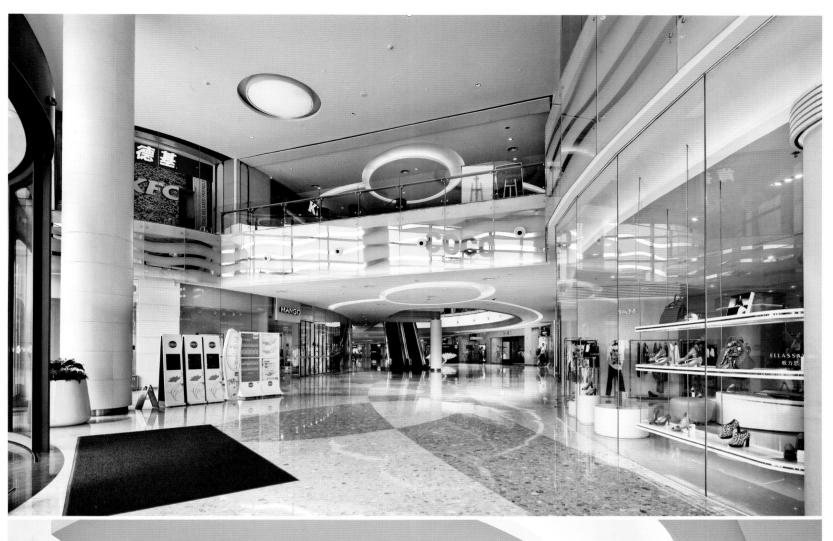

参评机构名/设计师名：
厦门一亩梁田装饰设计工程有限公司/
YIMULIANGTIAN ASSOCIATES DESIGN
CO., LTD
简介：
2010年作品荣获"海峡杯"海峡两岸室内设计大赛商业空间铜奖；2012年作品荣获（筑巢奖）第三届中国国际空间环境艺术设计大赛

（餐饮空间）银奖；2012年作品荣获（金堂奖）中国室内设计年度评选"年度优秀作品奖"；2012年作品荣获Idea-Tops国际空间设计大奖（艾特奖）入围奖；2012年作品荣获（筑巢奖）第三届中国国际空间环境艺术设计大赛（商业空间）优秀奖；2012年作品荣获中国室内设计师黄金联赛（第二季）公共空间工程类二等奖；2012年作品荣获中国室内设计师

黄金联赛（第三季）公共空间工程类二等奖；2012年作品荣获中国室内设计师黄金联赛（第四季）公共空间工程类三等奖；2012年荣获中国室内设计师黄金联赛年度优秀设计师；2013年作品荣获中国室内设计师黄金联赛（第一季）公共空间工程类三等奖；2013年作品荣获上海国际室内设计节（金外滩奖）入围奖。
成功案例：1.阿度餐厅-SM2期 2.西安长安3号售楼处 3.珍妮坊时装连锁 4.庄姿时装连锁 5.巢沙龙会所 6.山东龙口中央美郡售楼会所大楼等。

珍妮坊时装-滨南店
ZhenNiFang Clothing(Bin Nan)

A 项目定位 Design Proposition
珍妮坊以具有自信、内涵、素质的年轻上班族群为目标客户群，因此空间设计力求表现出简约、个性的特点。

B 环境风格 Creativity & Aesthetics
白色和咖啡色为空间主色调，低调的视觉元素彰显着简约时尚，空间主角服饰鞋帽得到最完美的衬托。

C 空间布局 Space Planning
位于中心位置的展示柜既能很好的展示商品，同时又有效地区分了左右人流动向，即使较多顾客同时光临，也不会显得拥挤。

D 设计选材 Materials & Cost Effectiveness
运用传统而简单的水泥、钢材、乳胶漆为主材料，打造出低调简约的空间。

E 使用效果 Fidelity to Client
以最简约的手法达到最好的空间效果。

项目名称_珍妮坊时装-滨南店
主案设计_曾伟坤
参与设计师_曾伟锋
项目地点_福建厦门市
项目面积_130平方米
投资金额_32万元

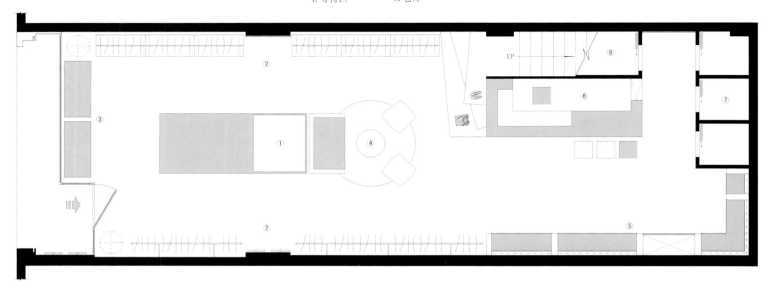

1. 中岛柜　　5. 鞋包帽展示区
2. 服饰展示区　6. 收银区
3. 展示台　　　7. 更衣室
4. 等待区　　　8. 仓库

一层平面图

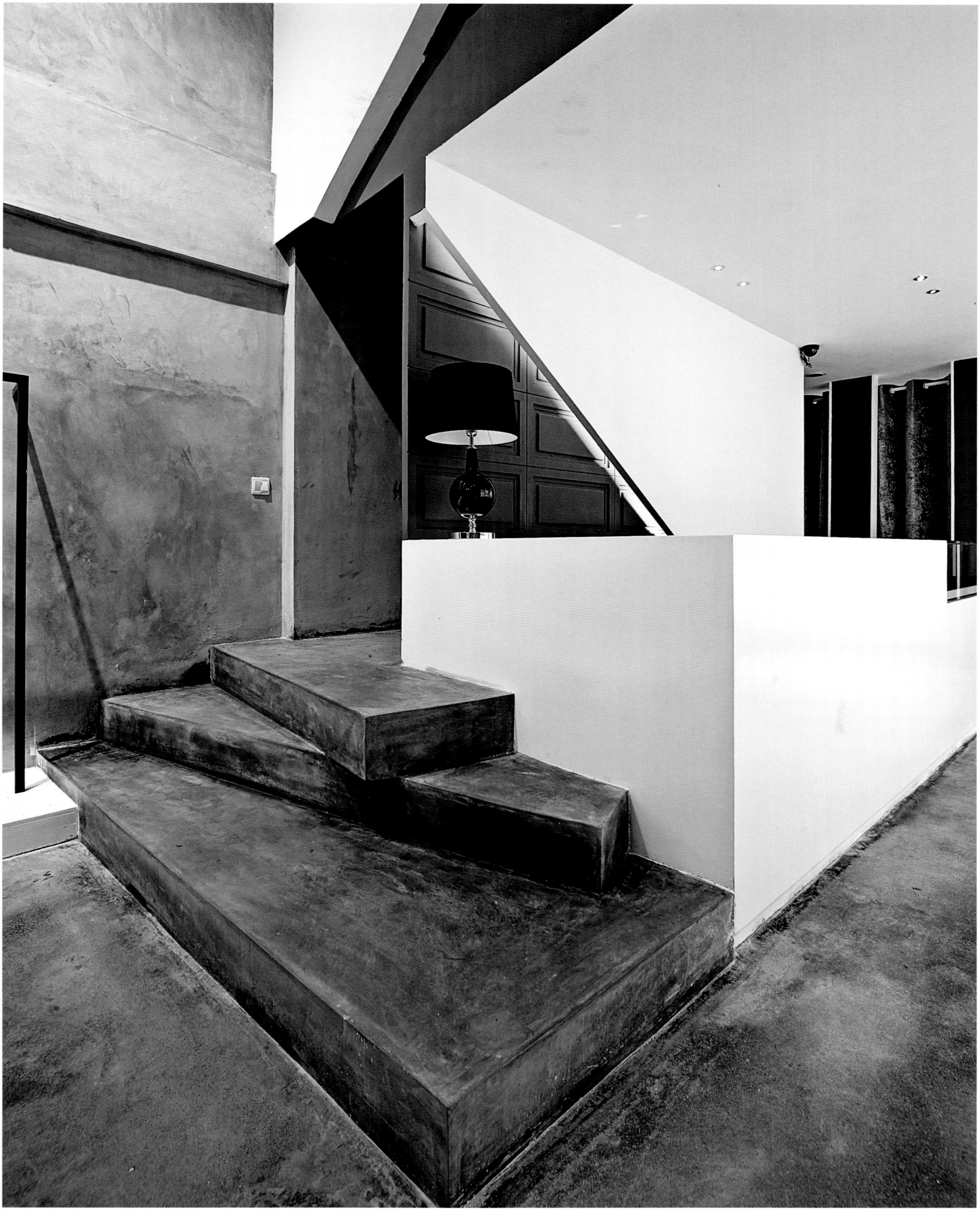

参评机构名／设计师名：
近境制作设计有限公司/
DESIGN APARTMENT
简介：
近境制作所推出系列的设计作品，自然、清晰，空间中一种隐藏着的轴线关系，创造出和谐的比例。另外，对于可靠材料的真实表现，结合着细部的处理，这个谨慎态度始终支配着

我们，对于品质的要求，我们深具信心。近境制作的设计中，充满着对生活中的幽默，强调自然、清晰的原始设计，代表了未来空间的发展方向，年轻、活力、亚洲，我们所做过最好的设计，那就是我们创造明天。

轨迹
Tracks

A 项目定位 Design Proposition
希望能在过去的建筑中找到前进的设计力量，所以开始了这样的想法。

B 环境风格 Creativity & Aesthetics
在老建筑中找到新的设计灵魂，让原本是棉织厂的老旧厂房，在历史的变化下，找到了重生的机会，有了新的面貌，成为一个家具品牌的展演空间。

C 空间布局 Space Planning
在主展厅的概念中，连续错置的墙面与天花量体的表现，高挂于展厅的空中，试图解决高度所造成的光源问题，除了形成灯光的载具之外，更重要的是解构家的形态，使其与品牌的精神结合，完成展厅的设计概念。

D 设计选材 Materials & Cost Effectiveness
决定利用格栅交错纵横的立面变化，抽象了纺织的经纬，透过这样的表现，形成了一道皮层，强化了建筑的入口处理，从格栅与原有建筑的结合，加上光线的变化，测量出一个空间的能量。

E 使用效果 Fidelity to Client
承载、延续、变化、重生，面对一个老建筑的态度，我们学习到了一种面对生命的方式，这是一个难得的机会，看待时间留下的遗痕，寻找与自然平行的秩序，历史建筑所留下的空，本身就是最好的展示。

项目名称_轨迹
主案设计_唐忠汉
项目地点_上海
项目面积_1183平方米
投资金额_850万元

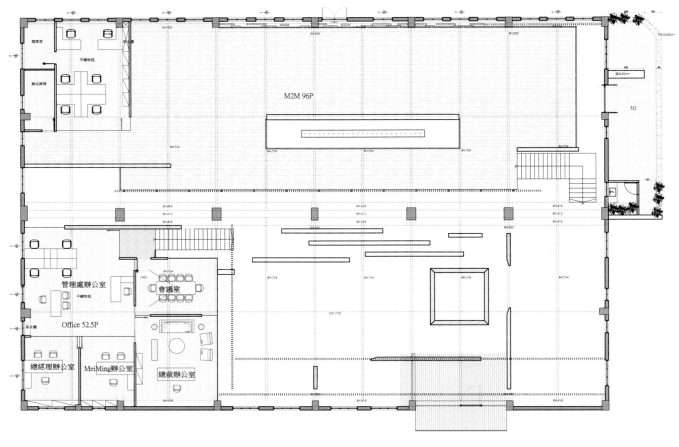

一层平面图

库房　　库房　　库房　　独立机房

Kid's Play Area

9"電子相框

Pantry

Education & Training

講台

±0

9"電子相框

Office 52.5P

9"電子相框

42"TV

二层平面图

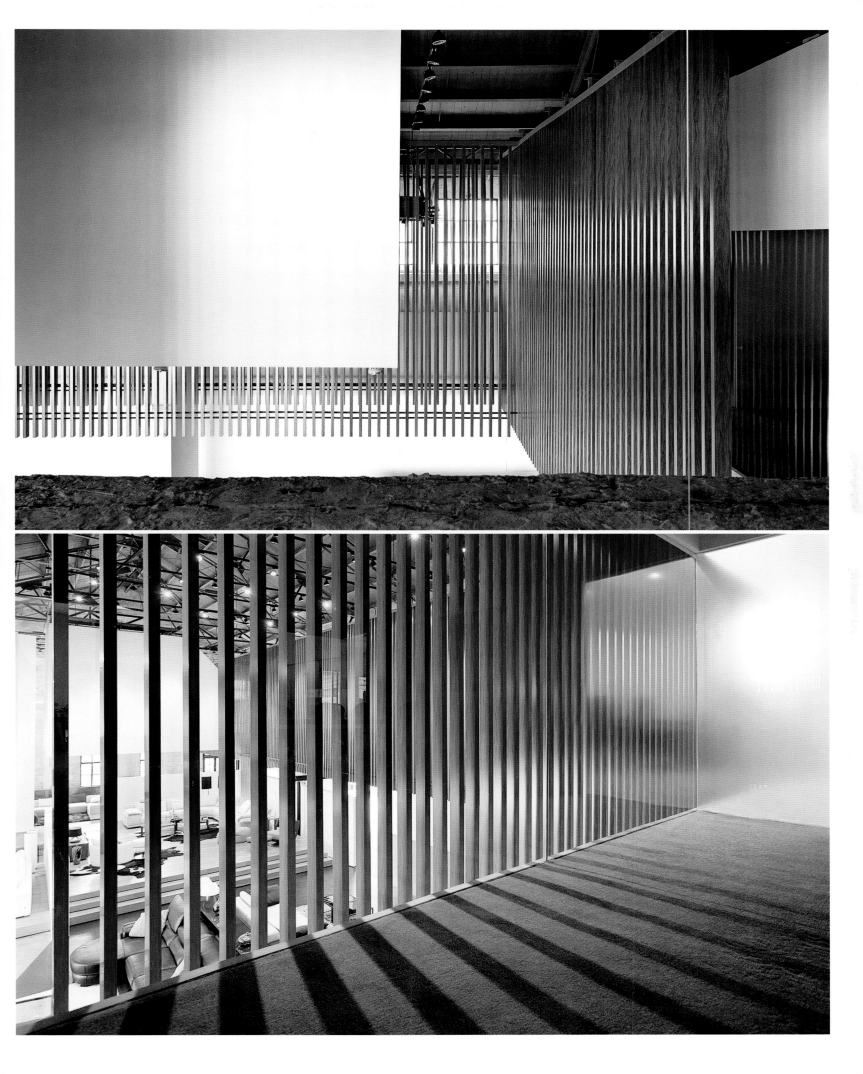

参评机构名/设计师名：
汉象建筑设计事务所/
HRC DESIGN WORKS PTE.LTD.

简介：
HRC DESIGN WORKS PTE. LTD.成立于新加坡。2009年经总公司决议建立上海办事处——汉象建筑设计咨询（上海）有限公司。其主要从事于建筑、酒店、会所餐饮、售楼处以及样板房的专业性工程咨询设计的软装和硬装服务。

HRC

上海SOTTO SOTTO奢侈品店
SOTTO SOTTO CLUB

A 项目定位 Design Proposition
外滩老码头创意园区的地理人文出发。

B 环境风格 Creativity & Aesthetics
沿用老旧的材料，以文化和精神为出发点。

C 空间布局 Space Planning
结合了会所和专卖店以及展示的功能。

D 设计选材 Materials & Cost Effectiveness
老旧的材料。

E 使用效果 Fidelity to Client
各种媒体都有刊登报道，一些国外专业网站也有相关报道。

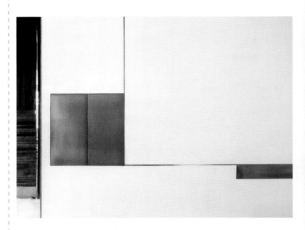

项目名称_上海SOTTO SOTTO奢侈品店
主案设计_刘飞
项目地点_上海
项目面积_1400平方米
投资金额_260万元

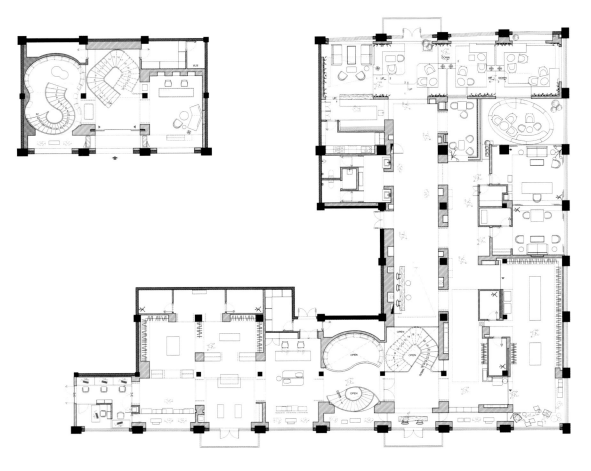

一层平面图

昆山文化艺术中心
Kunshan Culture Art Center

重庆黎香湖教堂
Chongqing Lake Blossom Church

南大金陵微电影与媒体创意实验室 云端
Over The Cloud

成都东郊记忆演艺中心
Chengdu Eastern Suburbs Memory Art Center

闽南大戏院
Banlam Grand Theater

智慧1+1
ZhiHui 1+1

多维门
IDEA DOOR

苏州高新区规划展示馆
Suzhou Hi-Tech Zone Planning Exhibition Hall

重庆国泰艺术中心
Chongqing Guotai Arts Center

大连国际会议中心
Dalian International Conference Center

11号线北段二期车站
line II(North Section)PhaseII Station

黑河市城市规划体验馆
Heihe Urban Experience Museum

小东园
Xiao Dong Yuan

沙坪坝育英小学
Shapingba Yuying Primary School

南大和园幼儿园
NanDa HeYuan Kindergarten

华侨城欢乐海岸海洋奇梦馆
OCT (Happy Coast) Dream Aquarium

故宫出版社文化展示中心
Forbidden City Press Exhibition Center

拉萨市规划建设展览馆
Lhasa City Planning Exhibition Hall

北京外国语大学图书馆改扩建
Beijing Foreign Studies
University Library extension

西安百思美齿科诊所
Xi'An Best Smile Dental Clinic

Beijing Newsdays

参评机构名／设计师名：
北京集美组建筑设计有限公司／
Beijing Newsdays Architectural Design
Co.,Ltd
简介：
北京集美组涉及的项目包括：高端酒店、会所、餐饮、特色样板间，以及文化类、商业类空间等。服务包括建筑顾问、室内设计与工

程，陈设艺术顾问与订制。北京集美组拥有中华人民共和国住房和城乡建设部颁发的建筑装饰装修工程设计与施工壹级资质。
2013年获国际室内设计师协会（IIDA）举办的第40届IDC国际室内设计年度大奖，
2012年获国际室内设计师协会（IIDA）举办的第39届IDC国际室内设计年度大奖，2012年度•ANDREW MARTIN国

际室内设计奖，2012 BEST OF YEAR年度最佳设计提名奖，2011年度•ANDREW MARTIN国际室内设计奖，屡次获得"金堂奖"，"陈设中国-晶麒麟奖"，"室内设计双年展"。
成功案例：南京中航樾府会所，郑州中原会馆，北京故宫紫禁书香，上海佘山高尔会所贵宾厅，上海万科第五园余舍会所，北京一泉德私人会所，北京时尚大厦，北京团结湖山海楼会所，北京北湖九号。

故宫出版社文化展示中心
Forbidden City Press Exhibition Center

A 项目定位 Design Proposition
故宫出版社（原紫禁城出版社）创办于1983年，是目前我国唯一一家由博物馆主办的出版社。"服务故宫，开放交流"是出版社的宗旨。20年来，出版社各类图书数百种，并定期出版《故宫博物院院刊》、《紫禁城》两种刊物。紫禁城版图书以故宫为依托，展示古代文明，弘扬传统文化，内容涵盖历史、建筑、文物、艺术、旅游、博物馆等诸多门类。其文化展示中心是其多年精华的集中展示。

B 环境风格 Creativity & Aesthetics
用现代手法演绎中国古典文化。

C 空间布局 Space Planning
展览与办公、会客融为一体，无处不是展览。

D 设计选材 Materials & Cost Effectiveness
简单、自然。

E 使用效果 Fidelity to Client
受到一致好评。

项目名称_故宫出版社文化展示中心
主案设计_蔡文齐
参与设计师_梁建国、吴逸群、宋军晔、余文涛、罗振华、聂春凯、王二永
项目地点_北京
项目面积_400平方米
投资金额_200万元

参评机构名／设计师名：
北京万景百年室内设计有限公司/
Interscape Associates

简介：
成功案例：远洋天着森林会所售楼处、北京丽思卡尔顿酒店、广州富力丽思卡尔顿酒店、青岛华润悦府公寓大堂、山东华润威海九里样板间、宁波华润别墅、北京慈云寺慈云轩会所、远洋傲北样板间、海口喜来登三餐厅天津鼎润会所、北京丽雅酒店、天津远洋万和城样板间、明宇豪雅成都滨河广场酒店。

青岛华润悦府公寓公共区
HuaRun YueFu Department(Public Area)

A 项目定位 Design Proposition
本项目所处地为青岛市市中心繁华地段，并定位为高端住宅项目，因此从室内设计角度要从功能布局、装修材料、软装布置都能体现此项目的人性化、奢华感及舒适度的结合。

B 环境风格 Creativity & Aesthetics
大堂这里需要一个平静的空间氛围，温馨、包容让人们在这里相遇、停留。从布局上考虑尽量将空间分割规整、对称，以符合中国传统审美。以"悦"字演变出的装饰符号，运用在金属镂空装饰屏风上，以增加空间的文化内涵，使空间更具独特性。

C 空间布局 Space Planning
如果说空间设计是在书写文章，大堂入口将是整篇文章做铺垫的关键点，在这里，以灌木掩映下的地灯作为开篇，在温暖灯光下，拾级而上。从室外透过玻璃幕墙看到大堂的吊灯无形中感受到了家的归属感。

D 设计选材 Materials & Cost Effectiveness
整个空间采用浅色木纹石与洞石为主要石材，局部搭配哑光浅色木饰面，给人以清新淡雅的感受，在天花及墙面采用深色金属收边的手法，勾勒出空间的变化，并给空间增添了精致与奢华感。

E 使用效果 Fidelity to Client
功能布置、装饰效果都得到业主及运营物业的认可。

项目名称_青岛华润悦府公寓公共区
主案设计_吴刚
参与设计师_刘青山、江汀、应锏
项目地点_山东青岛市
项目面积_1175平方米
投资金额_2000万元

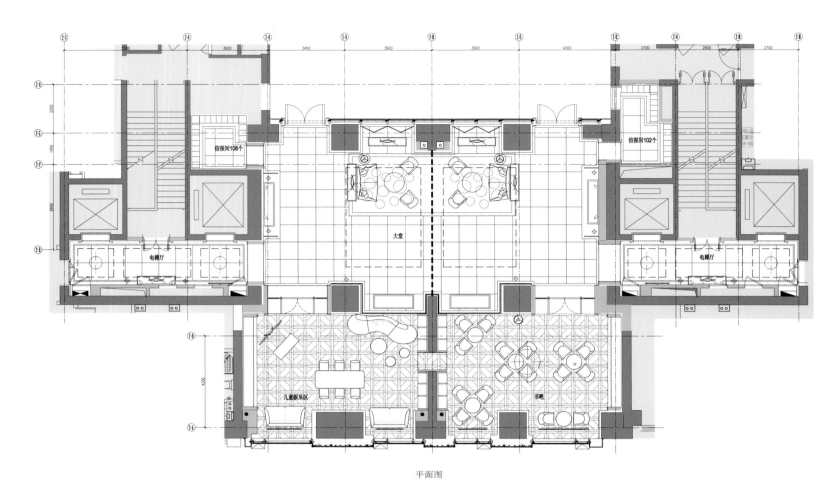

平面图

参评机构名/设计师名：
中国建筑设计研究院环艺院室内所/
CHINA ARCHITECTURE DESIGN RESEARCH
GROUP

简介：
所获奖项：中国室内设计学会奖、金堂奖、筑巢奖、威海"蓝星杯"、全国优秀工程勘察设计奖等。

成功案例：拉萨火车站、首都博物馆、山东广电、福建大剧院、无锡科技交流中心等。是我国成立最早的建筑室内专业设计机构之一，依托中国建筑设计研究院的雄厚实力，始终致力于室内设计的研究与发展，走过了一条不断探索和创新的道路。成立50多年来，室内设计研究所完成室内设计项目400余项，足迹遍布全国，在文化教育建筑、大型办公楼建筑、交通建筑设施、体育建筑、驻外使领馆、酒店等各种类型空间的设计领域都取得了丰硕成果，尤其擅长以建筑到室内整体设计。

昆山文化艺术中心
Kunshan Culture Art Center

A 项目定位 Design Proposition

设计定位于综合性文化空间，具有大剧院，多功能昆曲小剧场，多功能的会议空间和培训空间，影剧院娱乐空间。最大限度地满足广大市民对各类观演剧目的精神需求，同时兼具会议、文化培训等功能需求。

B 环境风格 Creativity & Aesthetics

选取昆曲和并蒂莲作为母体，沿水体曲线布置具有水乡的"神韵"。在平面上呈现出不同层面的曲线幕墙交叠错落的形式，使室内外空间紧密结合，水乳交融。

C 空间布局 Space Planning

本案室内设计的主要空间界面也都是由曲线或曲面构成的。曲线设计在视觉上给人以轻松愉悦、委婉优雅的感觉，为了强调曲线在空间中舞动的动势，设计将主要空间的界面进行解构，由不同趋势弧度的曲面在交叠穿插中组成空间的各个界面，使空间形式丰富而有层次。

D 设计选材 Materials & Cost Effectiveness

为了体现水袖捧花的设计理念。空间中的色彩减少调性，将视觉空间腾出，随着观众的移动，各个空间——或剧场或会议，在清雅的场景中慢慢呈现，达到曲调中一个又一个的精彩。舞动的飘带呈现了水乡悠远连绵的势态，飘带上疏密有致的光晕又生动细腻了画面。

E 使用效果 Fidelity to Client

设计投入使用后，赢得了广泛的赞誉。演出的频率和上座率非常高。社会影响良好。荣获苏州十大建筑第四名，为苏州县级市唯一入选建筑，前三名分别为苏州博物馆，苏州科文中心及苏州火车站。

项目名称_昆山文化艺术中心
主案设计_张晔
参与设计师_纪岩、饶劢、盛燕、马盟雪、郭林、韩文文
项目地点_江苏苏州市
项目面积_30000平方米
投资金额_20000万元

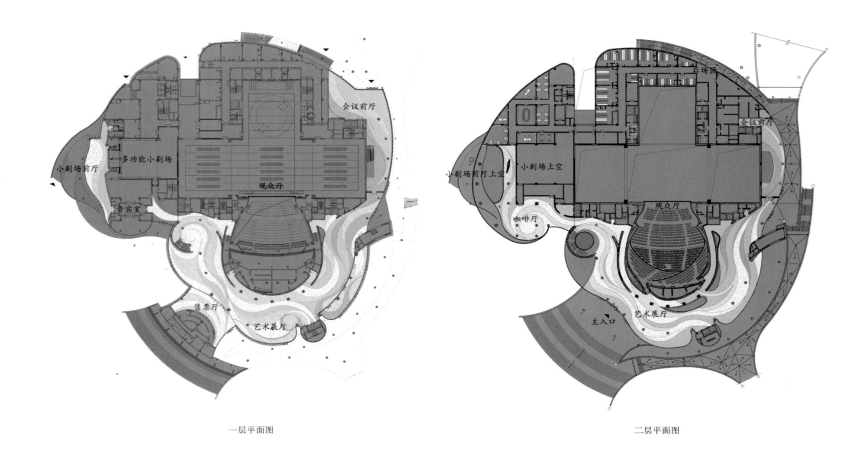

一层平面图   二层平面图

参评机构名/设计师名:
水平线室内设计有限公司/
Horizontal Space Design

简介:
HSD水平线空间设计有限公司是中国当代设计的代表之一,拥有多名优秀的年轻设计师的国际化团队。自2003年成立至今,HSD始终秉承创新精神,使我们在建筑设计、室内设计、景观设计、产品设计等领域成为开拓者,竭力为业主提出设计与工程方面的最佳解决方案。在设计中,HSD善于发掘传统文化中的可能性,赋予每个设计以鲜明的个性和旺盛的生命力。我们秉承对东方传统文化、艺术、与哲学等方面的提取和运用,配合数字化分析工具和国际先锋的设计方法,致力于真正属于中国的现代巅峰设计。

HSD创始人及首席创意总监琚宾先生致力于研究中国文化在建筑空间里的运用与创新,以个性化、独特的视觉语言来表达设计理念,以全新的视觉传达和解读中国文化元素。所获奖项:2012"现代装饰国际传媒奖"之年度样板空间大奖;2012"金堂奖"之年度十佳样板间/售楼中心设计作品奖;2011 IAI最佳展览空间设计大奖;2011"金堂奖"之年度媒体关注奖。成功案例:三亚香水湾1号;深圳雅诗阁美伦酒店;金山谷工法展厅;尚溪地会所;中海胥江府等等。

重庆黎香湖教堂
Chongqing Lake Blossom Church

A 项目定位 Design Proposition
黎香湖教堂位于西南重庆的休闲度假区,基于地域和文化的矛盾性,我们的设计弱化了其宗教功能,将其定位为一个人们心灵休憩的场所、分享节日纪念日喜悦的"温暖的盒子"。使人们在度假休闲的时候能在这里从现代快节奏的生活中抽离出来,享受心里的洗礼。

B 环境风格 Creativity & Aesthetics
设计上采用极简主义的理念营造出一种清净典雅之美。在分析研究了西南地域特色及宗教教堂所固有的特质之后,提取和保留了符号中的神韵并加以组合。将西方的宗教文化中,加入东方温润的古典情怀,给人温暖和力量。

C 空间布局 Space Planning
在空间布局上,开敞、平直,地面与洁白的墙面营造出肃穆庄严的空灵感。烛光台、墙上的开窗,使光线自然温暖地充满空间,给人温和的亲切感。

D 设计选材 Materials & Cost Effectiveness
就教堂而言,传递的是精神的力量和宗教的语言。在东方的环境下,其存在与地域和文化本身存在着矛盾的交互。设计中选择了折中的语言,从体量、视觉、感官等多方面,将欧式的建筑线条延续到室内,并从地方特色的竹木上提取元素,搭配木质的椅凳,使空间中传递着自由与融合的信息。

E 使用效果 Fidelity to Client
满意度高。

项目名称_重庆黎香湖教堂
主案设计_琚宾
参与设计师_韦金晶、韦耀程、许金华
项目地点_重庆
项目面积_800平方米
投资金额_500万元

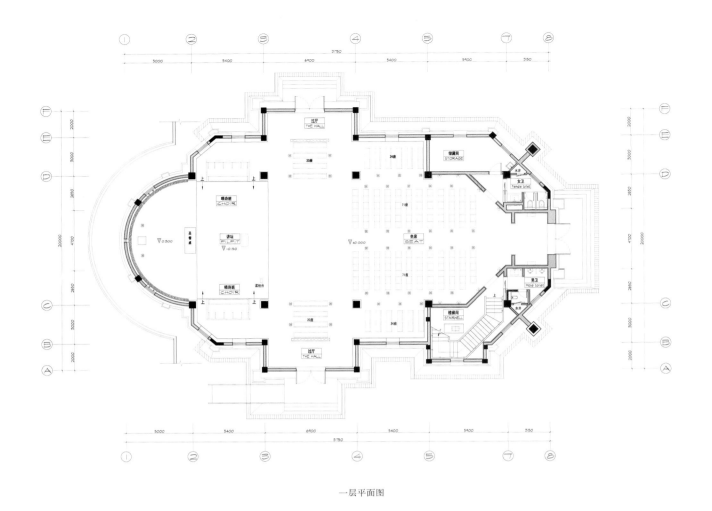

一层平面图

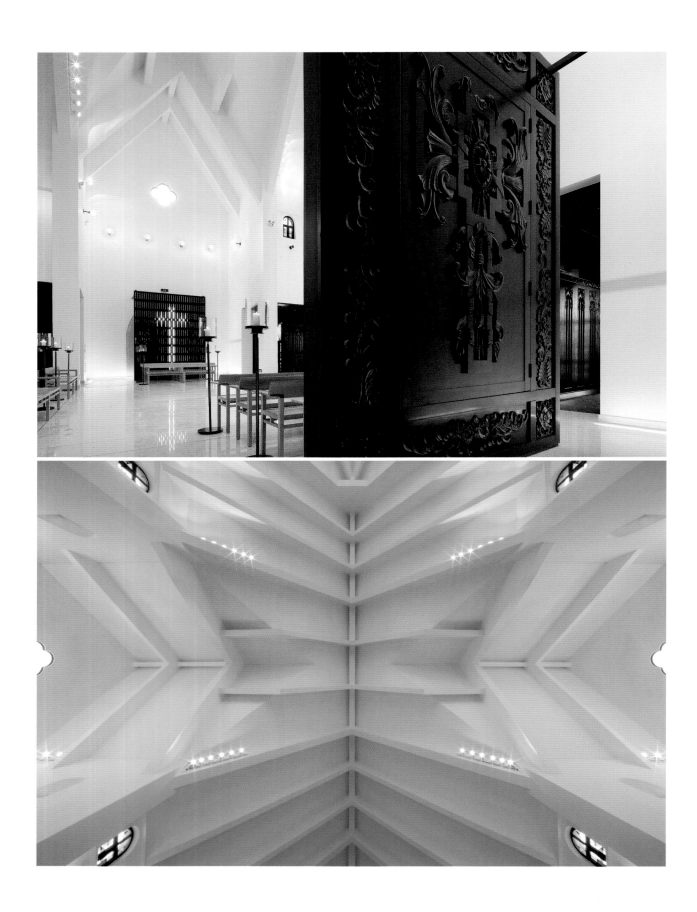

参评机构名/设计师名:
郭晰纹 Amy Guo

简介:获奖经历:2012年江苏室内设计大奖赛办公工程类一等奖《天技》,2012年江苏室内设计大奖赛文教方案类优胜奖《云端》,2011年江苏室内设计大奖赛别墅工程类一等奖《藏韵》,2011年江苏室内设计大奖赛住宅工程类优胜奖《寻觅》,IA2010室内设计大奖赛别墅方案类优秀奖《完美朝北》,IA2009室内设计大奖赛别墅工程类一等奖《简约主张的中国风》,IA2009室内设计大奖赛住宅方案类三等奖《白色幽远》,2009年入选南京室内设计人才库,2009年度南京室内设计《装饰装修设计》封面人物奖,IA2008室内设计大奖赛住宅工程类优秀奖《08小户型眼中的80建筑》,IA2008室内设计大奖赛住宅工程类佳作奖《梦想·家》。

南大金陵微电影与媒体创意实验室:云端
Over The Cloud

A 项目定位 Design Proposition

这是中国的第一个微电影与媒体创意实验室。她在悬念和争议声中悄然呈现在蓝天白云之间,落成于南京大学金陵学院顶层寂寥天台之上。

B 环境风格 Creativity & Aesthetics

她是自由的、经典的、科技的、生态的。

C 空间布局 Space Planning

她是自由的——创意区、彩排区、表演区和裸眼三D实验室、微博实验室、行为观察室、浮岛演播区既相互打通、自由流动,又功能独立、特征明显,相互呼应、相互融合。

D 设计选材 Materials & Cost Effectiveness

她是科技的——全景电脑灯、智能科技控制、全息投影、智能化搜索、数据挖掘与分析……时时处处挑战我们对技术进步的认知、探寻对前沿科技的梦想;她是生态的——生态绿化、自然采光、高效通风,以及资源再生节能——自循环雨水收集净化系统,空气负离子再造系。

E 使用效果 Fidelity to Client

点点滴滴,浸淫我们对生命的敬重、对自然的尊重。在这云端空间,师生不再是课桌般教条的对立,他们相伴同习,拥有成长与共的师友生态;实验室不再是枯燥死板的电脑鼠标,他们灵动闪耀,成就一片快乐智慧的跨界场域。光、水、雾、你、我,在这里融合,技术、艺术、智慧和爱,昨天、今天和明天,在这里相遇,在云端永恒。

项目名称_南大金陵微电影与媒体创意实验室:云端
主案设计_郭晰纹
参与设计师_贾艳萍、吴宁丰、徐衡
项目地点_江苏南京市
项目面积_700平方米
投资金额_100万元

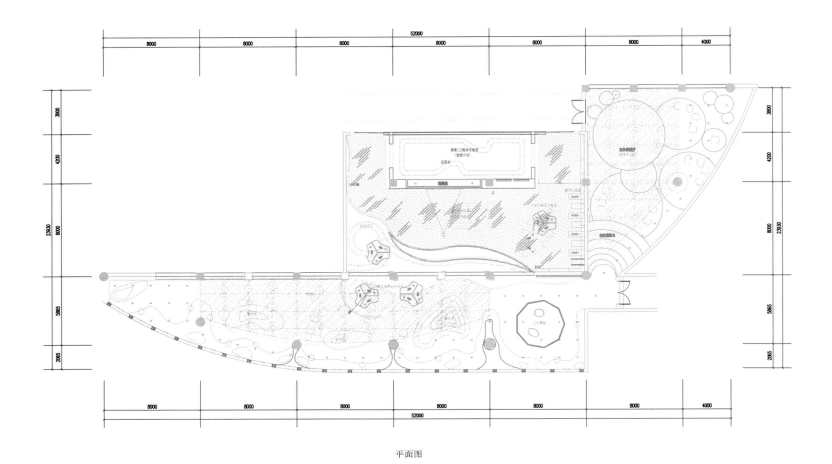

平面图

参评机构名/设计师名：
张灿 Zhang Can
简介：
所获奖项：2011年金堂奖十佳办公空间作品奖、金堂奖十佳公共空间作品奖，2011年CIID第十四届中国室内设计大奖赛银奖、铜奖，2012年"2012亚太室内设计双年大奖赛"餐饮空间提名奖，2012年广州设计周金堂奖十佳样板间/售楼部，2012年中国国际空间环境艺术设计大赛筑巢奖餐饮空间银奖，2013年国际地产奖亚太地区优胜奖。
成功案例：成都当代美术馆、峨眉红珠山酒店、九龙仓时代1号售楼部，深圳老房子水岸元年食府，成都教育学院艺术大楼，蓝顶当代美术馆。

成都东郊记忆演艺中心
Chengdu Eastern Suburbs Memory Art Center

A 项目定位 Design Proposition

成都东郊，在50—60年代，聚集着成都的各种工业企业和厂矿，虽然都是基本以轻工业和电子产品为主的企业，但却都是西部地区有名大企业。改革开放以后随着城市发展，产业结构的转变，企业的改制等等，原来的东郊地区慢慢地从一个工业密集型地区，开始转变为一个城市居住和人民文化生活的地区。

B 环境风格 Creativity & Aesthetics

东郊记忆是在原成都红光电子管厂的旧厂区，由成都传媒集团投资，重新打造的以音乐、影视、演艺为主体的大型音乐公园。而我们设计这个项目是在原红光电子管厂的老的生产厂房的基础上，设计改建成了东郊记忆演艺中心。

C 空间布局 Space Planning

我们的设计是在保留和植入的设计原则上去进行的，对建筑空间的保留和实际使用功能的结合，原有厂房的原有精神的保留，要看到现代设计的体现，却又能体会到原来工业的印记和精神。

D 设计选材 Materials & Cost Effectiveness

我们选择了最简单的主要材料，钢板（原板及锈板）、水泥、钢网（原网和锈网），还有就是马来漆。希望通过这几个材料来体现和找到对工业几记忆。门庭厅的设计是我们表现的重点部分，天棚的原钢板切出不同的方孔表现工业的切割，而且从厅内一直延续至厅外，让整个大厅没有了室内外的视觉界定。 锈板的柱和锈钢网内的LED灯光，让那个时候革命工业的轰轰烈烈用抽象的视觉手段演绎出来。

项目名称_成都东郊记忆演艺中心
主案设计_张灿
参与设计师_李文婷
项目地点_四川成都市
项目面积_6000平方米
投资金额_1600万元

E 使用效果 Fidelity to Client

东郊记忆，旧工业的记忆，在当代生活中，用视觉和听觉去找回我们的记忆……

参评机构名/设计师名:
上海现代建筑装饰环境设计研究院有限公司/
Shanghai Xiandai Architectural Design
Research Institute Co. Ltd

简介:
上海现代建筑装饰环境设计研究院有限公司是
上海首家将环境设计冠于名前从事室内外环境
设计的专业化企业，公司以室内装饰设计、

环境景观设计、建筑与建筑改建设计为三大
主业，形成的"延伸服务"包括：图文渲染
设计、环境艺术设计(含软装饰设计及雕塑设
计)、标识设计、机电设计、装饰施工管理、
技术经济概算以及艺术灯光设计等"一体化"
专业服务。公司坚持"以设计为先导，创意为
竞争力，设计成就和谐"为经营战略，力求以
社会与市场需求为己任，不断增强经营和设计

的创新意识、责任意识、服务意识，按照"诚信服务，团结进取，锐
意创新，追求卓越"的16字方针统领企业运营全过程，并将进一步聚
集人才、强化服务、树立品牌，不断开拓国内外两大设计市场，竭诚
为广大客户提供原创、新颖、优质的高品位设计与人性化服务！创意
成就梦想，设计成就和谐！

闽南大戏院
Banlam Grand Theater

A 项目定位 Design Proposition
闽南戏曲艺术剧院建成将成为闽南区域最大的艺术剧院，为厦门未来海湾型城市一个功能非常重要的标志
性节点。

B 环境风格 Creativity & Aesthetics
室内设计传递了建筑设计的理念，并将它在细节中巧妙地体现出来，又融合了当地的地域文化特征。通过
对自然、环境、人文、建筑元素的提取、变化、衍生和组合，表现舞动的生命力和欢娱的生活气息。

C 空间布局 Space Planning
公共大厅巧妙地利用各种楼梯的空间，划分出不同的休息区。

D 设计选材 Materials & Cost Effectiveness
无论在公共大厅还是剧院观众厅内，充分利用GRG的材料特点，结合设计理念的要求，塑造出独有的肌
理造型；大厅两层不同材料、颜色的吊顶，既延续了建筑特色，丰富了空间效果，又巧妙地隐藏各种设备
同时满足了防噪声要求。

E 使用效果 Fidelity to Client
装饰与声学效果完美地结合，投入运营后，得到当地市民和各演出团队的好评。这里已成为厦门市民的文
化艺术活动中心。此项目为我们赢得了新的设计项目。

项目名称_闽南大戏院
主案设计_文勇
参与设计师_王岩、俞国斌、张静、娄艳
项目地点_福建厦门市
项目面积_23000平方米
投资金额_43000万元

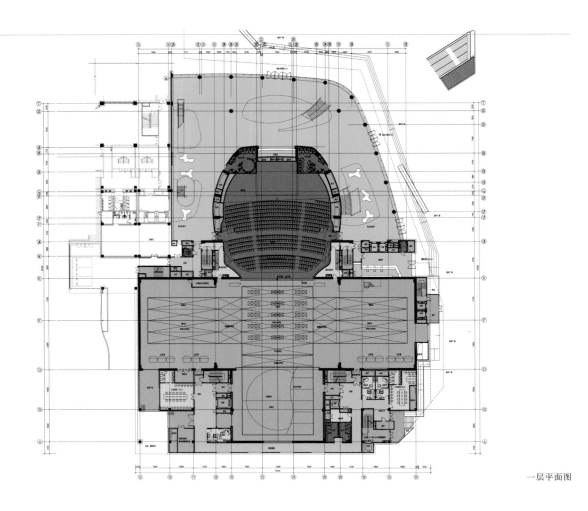

一层平面图

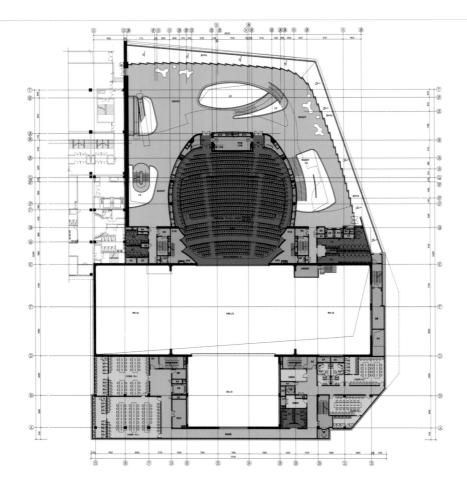

二层平面图

参评机构名/设计师名:
吴联旭 Wu Lianxu
简介:
CIID会员、室内设计师、C&C联旭室内设计有限公司创办人、设计总监。从事室内设计工作十余年,积累了丰富的设计经验,完成大量成功的商业项目。善于用前瞻性的设计笔触,形成独特的设计风格,带给人耳目一新的感觉。

"设计师要有沉下来的勇气",沉得下来,可以厚积薄发,其作品获得了众多的设计大奖。也因为专业领域表现突出,两度成为中国室内设计师年度封面提名人物,被评为"海西影响力室内设计师"、"中国新锐室内设计师"。追求永无止境,近年来,致力于私有会所文化和品质生活方式的推广。工作设计方向偏向私人会所、茶文化及地产商业设计,并积累了大量成功案例,不断把设计推向新的高度。因设计而时尚,因时尚而更有发言的力量,然而卸去时尚的外衣,依旧是一个有着自己独特文化品格的设计师。

智慧1+1
ZhiHui 1+1

A 项目定位 Design Proposition

综合孩童的特点,从理性的角度设计出发,以孩子的成长为中心,最大可能地去创造一个属于小朋友的国度。

B 环境风格 Creativity & Aesthetics

摈弃通常的卡通可爱的空间,白、橙、绿颜色搭配,色彩环境明亮、轻松、愉悦。优美的弧线条和块状颜色的撞击,细部适量加入的一些童趣的元素,干净而不失童趣。

C 空间布局 Space Planning

设计师则另辟蹊径,试图从深度挖掘可行的设计空间。设计重心放在学习过程和教学之中,以教育的理性角度去审视并了解儿童的心态,塑造一个能发掘孩童潜能的学习空间。大大小小的弧形的结构,空间细部的童趣元素不仅将空间合理且趣味化,还能适当保护着小朋友活泼又朝气的小身躯。

D 设计选材 Materials & Cost Effectiveness

在设计选材上以柔软、自然素材为主,如绒布、地塑等。这些耐用、容易修复、非高价的材料,可营造舒适的早教环境,也令家长没有安全上的忧虑。

项目名称_智慧1+1
主案设计_吴联旭
项目地点_福建福州市
项目面积_530平方米
投资金额_50万元

E 使用效果 Fidelity to Client

在投入使用后,以独特的设计品位吸引了纵多家长和小朋友的喜爱,成为地区早教同行学习的样板。